百读不厌的科学小故事

［韩］具本哲　主编

发射吧！
罐头宝贝

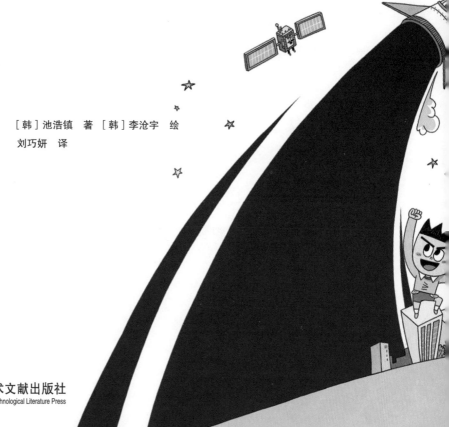

［韩］池浩镇　著　［韩］李沧宇　绘

刘巧妍　译

上海科学技术文献出版社

Shanghai Scientific and Technological Literature Press

未来的人才是创意融合型人才

翻阅这套书，让我想起儿时阅读爱迪生的发明故事。那时读着爱迪生孵蛋的故事，曾经觉得说不定真的可以孵化出小鸡，看着爱迪生发明的留声机照片，曾想象自己同演奏动人音乐的精灵见面。后来我亲自拆装了手表和收音机，结果全都弄坏了，不得不拿去修理。

现在想起来，童年的经历和想法让我的未来充满梦想，也造就了现在的我。所以每次见到小学生，我便鼓励他们怀揣幸福的梦想，畅想未来，朝着梦想去挑战，一定要去实践自己所畅想的未来。

小朋友们，你们的梦想是什么呢？由你们主宰的未来将会是一个什么样的世界呢？未来，随着技术的发展，会有很多比现在更便利、更神奇的事情发生，但也存在许多我们必须共同解决的问题。因此，我们不能单纯地将科学看作是知识，为了让世界更加美好、更加便利，我们应该多方位地去审视，学会怀揣创意、融合多种学科去思维。

我相信，幸福、富饶的未来将在你们手中缔造。

东亚出版社推出的《百读不厌的交叉科学小故事》系列与我们以前讲述科学的方式不同，全书融汇了很多交叉学科的知识。每册书都通过生活中的话题，不仅帮助读者理解科学（S）、技术（TE）、数学（M）和人文艺术（A）领域的知识，而且向读者展示了科学原理让我们的生活变得如此便利。我相信，这套书将会给读者小朋友带来更加丰富的想象力和富有创意的思维，使他们成长为未来社会具有创意性的融合交叉型人才。

韩国科学技术研究院文化技术学院教授　具本哲

突然想起几年前初识东亚出版社时的情景。为了出版有趣又有益的儿童书籍，他们找到笔者，提议将一个个分散的领域，例如科学（S）、技术（TE）、数学（M）和艺术（A）融汇成交叉学科。当时我对他们的这个畅想感到十分惊讶，但转而我便开始期待，如何用一种全新的方法编撰出一套促进儿童跨学科教育的书籍。

如果我是本书作者，我会和炫酷的人造卫星做朋友。

仰望夜空，我常想，"发射出去的人造卫星此刻会在哪里呢？在做什么呢？"，想着想着就出现了一种幻觉，仿佛有一颗人造卫星从天而降，熠熠发光，朝我走来，跟我说话。

我每天都在思考人造卫星，并搜寻有关资料，就这样开始研究人造卫星。在这个过程中，我重拾对太空的梦想，同时也学到了很多。我了解到人造卫星的种类和外观，通过人造卫星执行的各项任务意识到，科技与我们的生活息息相关，为我们的生活带来极大的便利，还认识到数学知识对科学研究的重要性。

本书将很多学科的内容巧妙地融汇到一起，编织出了一个关于人造卫星的趣味故事。

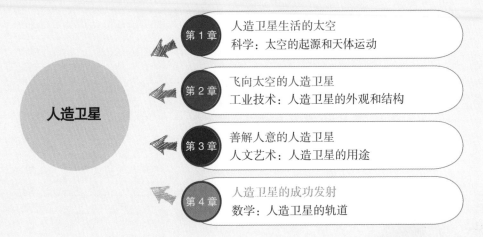

　　通过本书，希望孩子们在了解交叉学科知识的同时也能提升交叉学科思维能力，并且更加怀揣对太空的憧憬。此刻，我想象着太空中的某个地方，一定有这样一颗闪闪发光的罐头宝贝。

池浩镇

目　录

第1章　人造卫星生活的太空

第2章　飞向太空的人造卫星

第3章　善解人意的人造卫星

第4章　人造卫星的成功发射

第 1 章

人造卫星
生活的太空

啊！罐子竟然说话了！

"敏浩，去实验室取一下天平好吗？"

一个小雨淅沥的下午，敏浩去实验室给老师跑腿。

敏浩吱的一声打开门，四处张望着寻找天平，突然砰的一下，实验室里**一片漆黑**。

"啊？停电了吗？什么都看不见了。"敏浩自言自语道，吓得不知所措。紧接着，一件匪夷所思的事情发生了。黑暗中，一个易拉罐模样的物体发着亮光，跟敏浩打招呼：

"见到你很高兴！"

敏浩吓了一跳，往后退了几步，一个趔趄，**哐当一声**在实验室地上摔了个四脚朝天。

"别害怕，我是又帅又乖的人造卫星"。这个长得像易拉罐一样的物体又跟敏浩搭讪道。

"又不是机器人，易拉罐居然能说话，我是不是在做梦呀？"

敏浩简直无法相信眼前发生的这一切，使劲掐了一下自己的脸颊，疼得眼泪直流，这才确定不是在做梦。

"我叫罐头宝贝。"

"罐头宝贝"？

敏浩下意识地看着罐头宝贝说道。

"是的，我不久前从天上掉下来，不知道被谁移到了这里。"

"从天上掉下来？"

"嗯。"

"要说人造卫星吧，你个头太小，看上去倒像个玩具。"

敏浩打量着罐头宝贝说道，

"你竟然说我是玩具？我是**正宗**的人造卫星！听完我的故事，你的想法就会有 180 度大转变的。"

罐头宝贝和敏浩开始畅聊起来。

"你叫什么名字？"

"我是未来小学三年级一班的金敏浩。"

"敏浩？哦，这是哪里啊？"

"这是未来小学的实验室。"

"一所小学的实验室！原来如此！"

罐头宝贝一边东张西望一边点点头。

"人造卫星怎么还能说话呢？而且还会说韩语。"

"这个嘛，因为我是**聪明绝顶**的人造卫星啊，而且设计独特，是韩国人把我制造出来的。"

"韩国的人造卫星？"

"是啊，人们把像我这样的卫星称作罐头卫星。"

"罐头卫星？"

"是的，因为我们的大小和模样都长得像饮料罐。我是被小型科学火箭或者天空中的气球之类的工具发送到天上的小卫星。"

罐头宝贝说它在几百米的高空中分离、下降，像真正的卫星一样在执行任务的过程中来到这里的。

"原来如此，罐头卫星罐头宝贝！"

"但我不是普通的罐头卫星，我是一种特殊的超小型卫星，是有人工智能功能的尖端设备，拥有渊博的太空知识，还能和人类交流。"

"超小型卫星？人工智能？什么意思？"

"超小型卫星是指大小和重量都很小的人造卫星。按重量来分，10到100千克的卫星是微卫星，1到10千克的是纳卫星，1千克以下的是皮卫星。人工智能是像人一样，能思考、能学习、有判断力的智能电脑系统。"

敏浩一直盯着罐头宝贝，露出**似懂非懂**的神情，罐头宝贝笑着说："你要是听不明白，就把我当成小而聪明的人造卫星就行了。"

敏浩陷入了沉思，脑海里描绘着一幅罐头宝贝生活的太空图。

什么？太空是爆炸产生的？

"你现在好像还在怀疑我，那我就先从人造卫星生活的太空说起吧。我最不喜欢别人怀疑我。"

"好，你说吧。"

于是，罐头宝贝开始给敏浩讲起了太空故事。

"在 137 亿年前有一个温度极高的奇点，突然**轰的一声**爆炸了。那次爆炸产生了巨大的空间，自此有了光。"

敏浩不知不觉地**竖起耳朵**，聚精会神地听罐头宝贝讲着太空的故事。

"那个空间渐渐变大，光线变弱，温度下降，因此出现了物质。许多物质集合起来形成了银河，银河里出现了许多星星，那就是太空。"

"真的吗？"

"这是许多科学家的见解，例如比利时天文学家乔治·爱德华·勒梅特、俄罗斯籍美国物理学者乔治·伽莫夫、美国天文学家爱德温·哈勃等。"

"哼，我还以为是你发现的事实呢。"

罐头宝贝根本不顾一脸失望的敏浩，继续说着：

"1950 年的某一天，英国天文学家费雷德·霍伊尔在广播中说，太空是某一天轰的一声随着**大爆炸**形成的这种说法很可笑。"

"为什么？"

"霍伊尔认为，太空没有开端和结束，始终保持着相同的状态，是亘古不变的。所以他说太空是在一次大爆炸后膨胀形成的这种大爆炸论简直是无稽之谈。"

费雷德·霍伊尔是"稳态理论"的代表，他认为太空的状态是一成不变的。

听了罐头宝贝的话之后，敏浩对太空的形成更加好奇了。那么太空到底是大爆炸产生的，还是自始至终都维持同一种状态呢？

"谁的主张正确啊？"

"是啊，太空大爆炸论对决太空稳定论，谁会赢呢？"

"我怎么知道，快告诉我吧。"

敏浩**催促着**罐头宝贝。

"科学家们发现，随着时间的流逝，太空空间逐渐膨胀。所以太空是由某个奇点产生爆炸，随后空间逐渐变大，形成现在的太空这一主张得到很多人的认可。这一理论被称为太空大爆炸论。"

"大爆炸？我每天早上起来头发都是大爆炸。"

罐头宝贝一边点头一边微笑。

哈勃定律和太空的年龄

美国的天文学家哈勃发现了一个有趣的现象。

河外星系距离银河系越远视向速度越大。

我们把这称为哈勃定律。

能用我的名字命名，一切努力都是值得的。

太空在不断膨胀，所以银河正在远离太空。换句话说，如果时间倒流，太空会收缩。

大爆炸

这么说，很久以前太空起源于某个奇点？

是啊，只要知道太空膨胀的速度就能推算出太空的年龄。

为了计算出太空的年龄，科学家们研究了太空的膨胀速度。

我算出了从这里到外部银河系的距离。经过计算，太空的年龄是 200 亿年。

胡说！太空的年龄是 100 亿年！

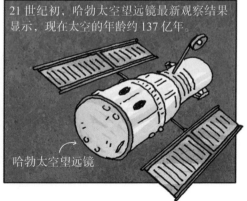

21 世纪初，哈勃太空望远镜最新观察结果显示，现在太空的年龄约 137 亿年。

哈勃太空望远镜

星星与黑暗

"敏浩呀，提起太空你最先会想到什么？"

罐头宝贝问道。

"星星！"

"那太空是由什么组成的呢？"

"星星。"

罐头宝贝的两次提问，敏浩都给出了同样的回答。

"太空里既有星星还有黑暗。"

"是啊，星星周围都是漆黑漆黑的。"

"迄今为止人们发现太空 73% 是暗能量，27% 是物质。但这 27% 的物质中人类已知物质只占 4%，而剩下的 23% 都是未知领域。我们把未知领域的物质称为"暗物质"。

"暗能量？暗物质？那是什么？"

可见物质 4%

暗物质 23%

暗能量 73%

在浩瀚的太空中不为人知的物质占 96%。

"不知道。现在只知道，暗能量使太空膨胀，而暗物质只能通过重力产生效应。"

罐头宝贝和敏浩开始谈论起了星星和银河。

"星星是太空中**闪闪发光**的天体。天体是……"

"天体不是悬浮在太空中的物体吗?"

"哎哟，不错呀! 天体是太空中的物体，恒星、行星、卫星、彗星、星团、星云等统称为天体。"

可能是罐头宝贝惊讶的语气让敏浩觉得不中听，于是他打断了罐头宝贝的话，说:

"只有像太阳一样本身能发光的恒星叫作星星，靠反射恒星的光而发亮的天体叫行星，围绕行星旋转的是卫星，**拖着长尾巴的是**

银河系与太阳系
太阳系所属的星系叫银河系，太阳系与银河系中心距离约 3 万光年。

彗星。"

"真了不起! 那你知道银河是什么吗?"

"我们班有一个银河, 是我同桌, 叫金银河!"

听到敏浩不着边际的回答, 罐头宝贝扑哧一声笑了。

"银河是由天体、气体和尘埃等组成的。地球所属的太阳系正是银河的一部分。银河包括太阳系、星团、星云等, 这一巨大的天体被称作银河系。星团是由恒星组成的, 星云是由气体和尘埃组成的。并且银河系之外还有数千亿个银河, 这些银河被称作河外星系。"

"罐头宝贝, 看来你对太空是无所不知啊。"

"当然了, 你知道我对太空研究了多长时间嘛。现在你不再怀疑我了吧?"

敏浩看着罐头宝贝点点头。

大麦哲伦星系
扁平模样, 距离地球 170 万光年。

仙女座星系
旋涡模样, 高悬于北方天空, 肉眼可见。
距离地球 200 万光年。

天文数字

天文学中使用的单位有天文单位
（AU）、秒差距（PS）、光年（ly）等。

天文单位（AU）一般指的是地球和太阳
之间的平均距离，用来表示太阳系内天体间的距离。

秒差距（PS）是利用周年视差表示天体间的距离。

光年（ly）是光在真空中传播 1 年的距离，1 光年约为 9 兆 5 千
亿公里，用来表示相隔甚远的天体之间的距离。如果某颗星星距离
地球 80 光年，那么光从那颗星星出发到达地球需要 80 年。如果我
们观察过这颗星星，那么当时我们所看到的光实际上是 80 年前发
出的。

天文数字数目庞大，超出一般想象，因此形容极大的数字时经
常说"天文数字"。

地球所在的太阳系

"想听地球所在的太阳系的故事吗?"

"太阳系? 水金地火木土天海!"

看到敏浩**得意洋洋**的样子,罐头宝贝问道:

"那么你知道太阳是什么时间、怎么产生的吗?"

"这个嘛……"

见敏浩一时语塞,罐头宝贝得意洋洋地说:

"50亿年前,太空空间的某一点聚集着气体和尘埃,空间被**填满**之后变成了能发光的星星。"

"那颗星星就是太阳?"

"嗯,太阳周围的其他物质也相互凝聚变成了围绕太阳旋转的行星。水星、金星、地球、火星、木星、土星、天王星和海王星。"

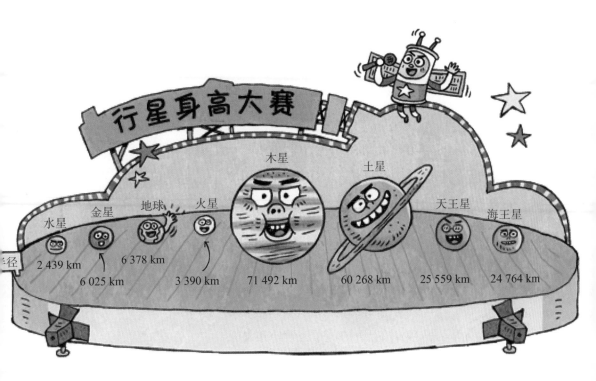

"原来如此！"

"当然，还不能断定太阳就是这样产生的，这只是到目前为止科学家们的一些可信度较高的猜测而已。"

"看来……可能是，也可能不是。"

"太阳系的行星大小各异。地球的半径为 6 378 千米，把这看作单位 1，那么各行星的半径分别为：水星 0.4，火星 0.5，木星 11.2，土星 9.4，海王星 3.9，太阳 109！"

"咦？好像还听过冥王星。"

"以前冥王星也是太阳系的行星，但是 2006 年世界各地的天文学家集聚一堂做出了一个**惊人的**决定，将冥王星从太阳系中除去了。"

"为什么？冥王星肯定很难过。"

将冥王星从太阳系中剔除，是因为冥王星和其他行星不同，它会被围绕自己旋转的行星的力量所**吸引**。所以天文学家们认为冥王星比行星小，把它归类至矮行星，编号为 134340。因此太阳系现有水星、金星、地球、火星、木星、土星、天王星、海王星 8 个行星。

"太阳系中有围绕各个行星转的天体，这种天体被称作卫星。"

"我知道，绕地球周围旋转的**月亮**就是地球的卫星。"

"对，木星的周围有木卫一、木卫二等 60 多个卫星，土星周围有土卫六等数十个卫星。"

看来罐头宝贝对于太空真是无所不知。

土星及其周围的卫星
土星有 61 个已确认卫星，其中正式命名的有 53 个。
除此之外的都是目前还未确认的。

地球很特别

我是地球，虽然我是太阳系众多行星之一，但我很特别。想听一听我的故事吗？

我自身能产生磁场，阻挡从太阳上散发出来的有害物质——太阳风。

我和太阳保持着适当的距离。

太阳

所以温度适合生物生存。

我拥有丰富的水资源，但是不会把大陆淹没。

我是迄今为止获悉的唯一有生命生存的行星。

在我这里生存的生命不是普通的生命，他们聪明绝顶，能够制造人造卫星并发送到太空，进行环球旅行。

看，我是太阳系中最帅气的行星。

围绕太空空间旋转的天体

"太阳系的行星围绕太阳旋转，卫星围绕行星旋转，那么太阳是不动的吗？"

面对敏浩突如其来的提问，罐头宝贝**不加思索**就说：

"太阳也会自转。太阳系的行星在自转的同时围绕着太阳转。天体这样围绕着固定的轴旋转就叫……"

"自转！"

"对，天体自转一周花费的时间叫作自转周期。地球的自转周期是一天，即 24 小时。那么地球绕太阳旋转一周叫什么？"

我是地球，我的自传周期约为 24 小时，也就是一天。

自转轴

"公转！"

"哇，又答对了。那么地球绕太阳旋转一周要多长时间？"

"365 天！"

"**真厉害**。那其他行星呢？围绕太阳转一周，也像地球一样需要

365 天吗？"

"不同的行星会有所不同。"

"没错，敏浩，你说对了。因为不同的行星大小和质量不同，与太阳的距离也不同。"

"原来，距太阳越近，运动越快；距太阳越远，运动越慢啊。"

"是啊，那么你知道太阳和太阳系的行星间的距离是多少吗？"

"我又不是科学家，怎么可能知道！"

敏浩回答不出来，罐头宝贝很**耐心地**给他解释：

"太阳到地球的距离约为 1 亿 5 千万公里。把太阳和地球间的距离看作单位 1，水星是 0.4，金星是 0.7，与地球相比，离太阳更近；火星是 1.5，木星是 5.2，土星是 9.5，天王星是 19.2，海王星是 30.1，与地球相比，离太阳更远。"

太阳系行星的公转轨道
太阳系行星以太阳为中心，沿着一定的轨道旋转。各个公转轨道与太阳距离越远，轨道越大，各个公转周期距离太阳越远，周期越长。

19

敏浩点点头。

"我说过地球绕太阳转一圈需要 365 天,是吧?天体公转所需要的时间叫作公转周期,那你说说,太阳系的行星公转周期为几年?"

"这个嘛,与太阳离得越远,公转速度越慢,公转周期也应该越长吧。"

"说对了。太阳系行星的公转周期分别是:水星 0.24 年,金星 0.62 年,地球 1 年,火星 1.88 年,木星 11.86 年,土星 29.46 年,天王星 84.02 年,海王星 164.77 年。"

"哇,海王星绕太阳旋转一周要 100 多年……"

听完罐头宝贝的讲解,敏浩**一脸认真**地说:

"像地球这样又大又重的行星怎么绕太阳旋转呢?也没有人在太空中飞来飞去用很大的力气推着行星旋转,或者在行星上系上绳子拉着行星旋转?"

"那是因为有恒星的万有引力和行星的离心力。"

敏浩**皱起了眉头**。

"我会慢慢告诉你的,别担心。"

与地球形状相似的超级地球

太空里存在与我们生活的地球相似的天体吗？如果有，那里也生存着和我们一样的生命吗？

2013 年 1 月的一篇报道称，美国史密森尼天文学中心某研究小组利用 NASA（美国航空航天局）开普勒望远镜观测，结果发现，与地球相似的行星有 170 亿个。

太阳系之外与地球环境相似的行星，被称作生命型地球，这些天体上可能有生命存在，并且质量比地球大 2—10 倍，被称作超级地球。

最近天文学家指出，除与地球相似的超级地球外，有望找到与地球环境完全相同的孪生星球。如果这一主张成立，那么外太空是不是真的会有生命存在呢？

天体公转的理由

罐头宝贝**拍了一下敏浩的肩膀**说："物体所含物质的量是质量。有质量的物体间存在相互吸引的力，这就是万有引力。万有引力中，我们把由于地球的吸引而使物体受到的力叫作重力。

敏浩**挠挠后脑勺**似乎不太理解，于是，罐头宝贝就举了一个重力的例子，说：

"一个小朋友走在路上，扔了一颗小石子。小石子被抛到空中，啪的一声掉在地上。旁边的大人也扔了一颗小石子。那颗小石子飞出去很远，最后也掉在了地上。"

"这和地球的重力有什么关系？"

"抛向空中的石头为什么不继续飞而是掉在地上了呢？"

大人扔的距离稍远，但是也会掉到地上！

被抛出的石子会啪的一声掉到地上。

"难道是重力?"

"是啊，是因为地球对物体有吸引力，也就是重力。但是如果重力消失了呢?"

"地球上的物体就会一个个飘到空中或者**呼啦啦**一起飞向太空。"

"是啊，但是地球不仅对地面上的物体有引力，对地球之外的月亮也有引力。如果重力消失的话，地球的吸引力也就消失了，月亮和地球间的距离会越来越远。"

敏浩歪着头不解地问道:

"为什么月亮和地球既不会越来越远，也不会越来越近，而是始

终保持一定的距离呢？"

"月亮和地球维持一定的距离是因为围绕地球旋转的月亮具有离心力。有的物体围绕其他物体做圆周运动时，从圆心向外的方向会产生一股力，这股力就是离心力。"

罐头宝贝举了一个离心力的例子。

"一个小朋友在易拉罐上系一根绳子，绕圆心**旋转**，突然松开绳子，易拉罐会飞出很远，对吧？"

"是因为离心力？"

"是啊，小朋友抓住易拉罐上系着的绳子时，绳子绷紧牵引易拉

离心力与向心力
易拉罐旋转时拉向圆心的力是向心力，与这个力大小相等、方向相反的力是离心力。

罐不向外弹，但如果放开绳子，牵引易拉罐的力就会消失，只剩下向外的力，所以易拉罐会飞出去。"

"所以，那是什么呀？"

"月亮围绕地球旋转时，地球对月亮的引力，也就是重力，和月亮远离地球中心的力，也就是离心力，**同时**存在。这两个力大小相等，所以月亮总是和地球保持一定的距离并围绕着地球旋转。太阳系的行星间保持一定距离并围绕太阳公转也是这个道理。"

"哇，太空真是太神奇了！"

"是啊，大自然是很神奇的。我们乘坐汽车，经过弯路时，也能感受到离心力。"

"啊，我以前坐爸爸的车转弯时，也能感觉到身体向外倾斜，原

转弯与离心力
汽车转弯时，车里的人有保持原来运动状态的惯性，因此会感受到离心力。

来是因为离心力啊。"

罐头宝贝点点头。

"罐头宝贝，你好聪明呀。连万有引力、重力这么难的知识都了如指掌。"

听了敏浩的称赞，罐头宝贝害羞似的身体泛红了。

"这又不是我发现的……"

"那是谁发现的？"

"是英国的科学家艾萨克·牛顿发现的。1665 年，牛顿在其他科学家们研究成果的基础上，向世人宣布所有的物体之间都有相互作用的引力，人们把它称之为万有引力或万有引力定律。"

"哇，真厉害。牛顿是怎么发现的呢？"

"牛顿一直在思索，为什么地球上的所有物体，如石头、苹果、人等会从空中掉到地上，而月亮不仅不会掉在地球上，还可以围绕地球旋转，后来便发现了这一定律。牛顿发现，由于万有引力的存在，月亮与地球始终保持一定的距离旋转。"

"但是石子、苹果、人为什么紧贴在地球表面上呢？石子、苹果、人对地球也有引力啊。"

"石子、苹果、人对地球都有引力，力的大小相当于自身的质量，但和巨大的地球引力相比，这个引力十分微弱，所以会被地球引力吸在地球表面上。"

"啊，原来如此。那么月亮对地球的引力一定很大了。"

"是啊，你终于明白了。"

牛顿，发现了重力

人类是什么时候发现了重力？

为什么问我啊？

难道是我生活过的古埃及文明时期发现的？

不是在中国某个地方发现的吗？

扔出去的石子掉到地上，是因为石子想回到自己的故乡。其他的我就不知道了。

亚里士多德

地球不是方的，是圆的。重力？重力是什么？

毕达哥拉斯

所有的物质都是根据神制定的法则来运动的。

笛卡尔

某一天，一个叫牛顿的科学家坐在自家院子的苹果树下陷入了沉思。

是什么力让苹果掉到地上了呢？

牛顿

原来是地球的引力让苹果掉到地上的，我要把这个力叫作重力。

飞向太空吧

虽然敏浩对太空很感兴趣，但他更好奇的是飞向太空的**人造卫星**。

"罐头宝贝！地球的重力那么大，人造卫星是怎么被送上天的呢？"

"我先给你讲讲牛顿的故事，然后你再仔细想想。"

牛顿第一定律：惯性法则

静止或以一定速度做直线运动的物体，在没有外力的作用下会继续保持静止或直线运动。

敏浩很想知道人造卫星这样的物体是怎么被送入太空的，可罐头宝贝却**突然**讲起了牛顿的故事。

"牛顿第一定律也叫惯性定律。惯性是悬挂的物体继续悬挂，停滞的物体继续停滞，即维持现有运动状态的性质。如果没有外部作用力，根据牛顿第一定律，发射到高空中的物体会沿着直线，一直飞向**深邃**的太空吧？"

"总之就跟地球拜拜了！"

"但实际上，由于地球的重力，发射到高空中的物体无法始终沿着直线运行，最终会掉在地球上。"

"到底怎么才能将物体发射到地球之外呢？"

罐头宝贝说，他也和敏浩一样好奇，所以查阅了很多资料，终于明白科学家们为什么要向地球之外发射物体了，还了解了将物体发射到地球之外的方法，也就是怎么样才能使物体摆脱地球的重力。

"这个嘛，用**大于**地球重力的力将物体发射到地球之外就行了，也就是说要保证发射物体时的初速度必须超过 11.2 km/s。"

"11.2 km/s 的初速度？"

"是的，初速度是指在 1 秒内经过的距离。把初速度 11.2 千米 /
秒换成时速就是 40320 千米。首尔到釜山的距离是 450 千米，那么
首尔到釜山大概只需 40 秒。"

"哇！**好快啊**。初速度为 11.2 千米 / 秒？这个是怎么算出来的？"

"科学家们努力研究并计算万有引力、地球的质量、物体和地球
之间的距离后得出的。而且，科学家和技术人员利用各种技术，经
过反复研究，终于研制出可以发射到地球之外的物体。这个物体就
是火箭，也就是太空发射体。"

"火箭的速度为什么那么快？"

这次敏浩又对火箭行驶产生了兴趣，可没想到罐头宝贝却又给
他讲起了气球的故事。

"吹起一个气球，捏住气球口，然后突然松手后会怎么样呢?"

"一边撒气，一边**到处**飞，气全部撒光以后会掉在地上。"

"没错，这就是火箭飞向太空的原理。"

"气球和火箭? 既不像，也不配啊!"

"气球撒气时，气球中的风，也就是空气，向撒气的方向喷出，气球向反方向移动，火箭也是如此。火箭装载的燃料一边燃烧一边快速喷出气体，**喷出的气体**促使火箭前进。"

接着，罐头宝贝又开始讲牛顿第三定律。

气球中的空气向后喷出，气球向前飞!

牛顿第三定律：作用力与反作用力

两个物体相互作用时，彼此施加于对方的力大小相等、方向相反。

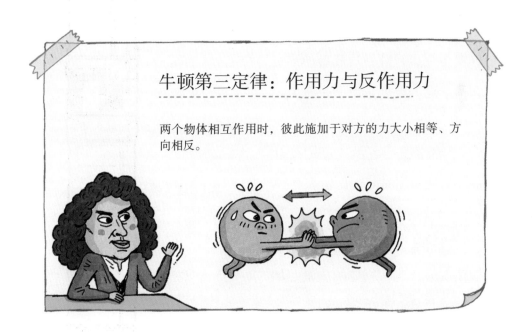

根据牛顿第三定律即作用力与反作用力，火箭上装载的燃料越多，燃烧时喷出的气体越多，促使火箭前进的力量**越大**。

所以科学家们认为：

"火箭的质量大部分是由燃料构成的。把燃料分成很多桶，每用完一桶后将燃料桶抛掉，这样火箭整体的质量就会变轻，作用于物体的重力就会变小。重力变小，火箭在相同力的作用下行驶速度可以**更快**。"

科学家们将这种想法应用于技术实践，将火箭分成很多级，这就是一边行驶一边脱落的多级火箭。这一设想来源于牛顿第二定律。

"加速度是表示速度的变化量和变化所用时间的比值。"

"不是速度，而是加速度？"

"是的，作用于物体的力与加速度成正比，物体的质量与加速度成反比，这就是牛顿第二定

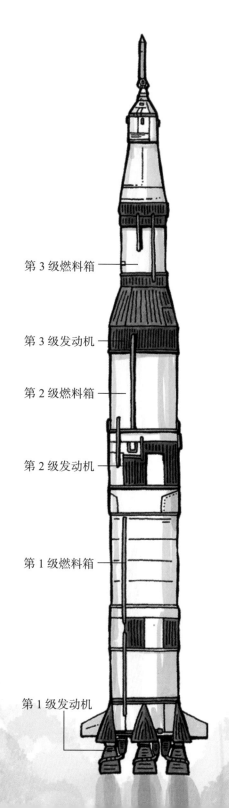

第 3 级燃料箱

第 3 级发动机

第 2 级燃料箱

第 2 级发动机

第 1 级燃料箱

第 1 级发动机

牛顿第二定律：加速度定律

力量越大，加速度越大；质量越大，加速度越小。

律或加速度定律。也就是说，取下燃料桶的火箭，质量就会变轻，加速度就会变大！换句话说，火箭变得更快了！"

"啊哈，原来如此！牛顿怎么能发现这么多定律？听着都觉得很难。"

"所以人们把牛顿称为近代科学之父。"

敏浩又一次被牛顿的伟大发现**感到震惊**。

本章要点
回顾

太空是怎么产生的?

太空是由于某次大爆炸出现的,空间逐渐变大直到成为现在的太空,这就是太空大爆炸论,也是解释太空起源最普遍的理论。根据哈布尔定律,人们发现,即便是现在,太空空间仍在逐渐变大,这一事实使得大爆炸理论成为最有影响力的理论。在科学中,所谓理论,就是把某种想法或知识组织起来,即便是不确定的事实也可以进行合理解释。

太阳及太阳系中的行星大小是多少?

太阳系的行星大小各异。太阳最大,如果按大小顺序排列,即木星、土星、天王星、海王星、地球、金星、火星、水星。太阳比其他行星大得多,太阳半径约为 70 万公里,是地球半径的 109 倍。

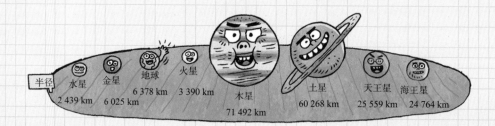

半径　水星　金星　地球　火星　　　木星　　　土星　　天王星　海王星
　　2 439 km　6 025 km　6 378 km　3 390 km　71 492 km　60 268 km　25 559 km　24 764 km

太阳系的行星是怎么运行的?

太阳系的行星在自转的同时，仍以太阳为中心按一定的轨道公转。行星不同，围绕太阳旋转一周所用的时间也不同。行星离太阳越远，围绕太阳公转一周所花的时间越长。

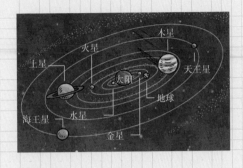

月亮怎样和地球保持一定的距离?

月亮和地球在离心力的作用下始终保持一定的距离。做圆周运动的物体会受到一股离心方向的力，这就是离心力。物体做圆周运动时，会因为离心力向圆外方飞去。

月亮在地球周围旋转时，地球吸引月亮的力——重力，以及月亮远离地球中心的力——离心力，二者同时存在。这两种力大小相等，因此月亮与地球始终保持固定的距离并围绕地球旋转。

什么是多级火箭?

多级火箭是有很多级，而且能一边行驶一边脱落的火箭。这种火箭把燃料分开装在很多桶里，每用完一桶，就会将燃料桶抛掉。这样，多级火箭离开地球飞向太空时可以减少自身的质量。这种结构能很好地提升飞行性能。

第 2 章

飞向太空的
人造卫星

运载人造卫星的火箭

听罐头宝贝讲完太空的故事后，敏浩看罐头宝贝的眼神不再像之前那么陌生和拘谨，而是变得亲切和温柔起来。

"你干嘛这么盯着我？"

"像你这么小又这么可爱的小家伙竟然是人造卫星，好神奇哦。"

听了敏浩的话，罐头宝贝**得意洋洋**地说道：

"嗯哼，现在终于认识到我的特别之处了吧？"

"听你说了这么多，我确实有点儿相信你是人造卫星了，但你看起来就像个易拉罐，所以还是不太敢确定。"

敏浩歪着脑袋看着罐头宝贝，罐头宝贝委屈地说：

"不要以貌取人嘛。"

"可你不是人类啊。"

"光凭外观来评价人造卫星也不行！"

罐头宝贝怄气似的**背过身去**。

"对不起！对不起！"

敏浩一边道歉一边靠近罐头宝贝。这时，敏浩才看出罐头宝贝和普通的易拉罐略有不同。

罐头宝贝头上有两根尖尖的天线，后背有块宽大的板子，身上随处可见普通易拉罐不具备的设备。

"哦！走近一看你还真不是普通的易拉罐！长得还真挺像人造卫

星的嘛。"

"当然！你终于承认我是人造卫星了，现在给你讲讲我朋友们的故事吧。"

"你的朋友们？"

"对啊，就是那些此刻仍在太空中运行的人造卫星。"

"此时此刻，在那**遥远的**太空中应该有好多人造卫星吧？"

"当然！你难道不想知道人造卫星都长什么样子吗？"

"想啊！我当然想知道关于人造卫星的故事。"

敏浩瞪着两只**炯炯有神**的大眼睛，竖起耳朵听罐头宝贝讲故事。

"在了解人造卫星之前我得先来讲讲火箭的故事。因为先有了火箭，才有人造卫星的。"

"火箭是伴随着火药的发明而出现的。9世纪时，中国人发明了火药。后来，火药被作为武器广泛使用，在这一过程中诞生了火箭。"

"原来火药是中国人发明的啊！"

"是的，1232年北宋时期，金军为抵御骁勇善战的蒙古人发明了一种特殊的火药武器。这种武器叫飞火枪！意思是可以飞的火枪。飞火枪是在火药桶里装上火药，绑缚在枪头下面。发射时，火药桶里的火药燃烧，向后喷气，借助火药推力把箭**发射出去**。"

罐头宝贝说与火箭原理相似的飞火枪经由蒙古军队传入了阿拉伯地区和欧洲。

"1379年，在意大利基奥贾地区，两个强大的国家威尼斯和热那亚开战。战斗中，热那亚军队使用了一种名为"Rocchetta"的火药武器。"

"原来英语中'Rocketry'火箭一词是从意大利语来的啊。"

"是啊，1750年印度国王海德尔·阿里为抵御英国侵略发明了火箭炮。这种火箭被命名为阿里火箭。"

"原来因为是阿里国王发明的，所以叫阿里火箭啊！"

"是的，很多火箭都是以发明者的名字命名的。当时参加战斗的英军将领威廉·康格里夫，在阿里火箭的基础上发明了性能更好的火箭。这种火箭以英军将领康格里夫的名字命名，被称作康格里夫火箭。"

"阿里火箭，康格里夫火箭！哎哟，火箭的种类好多啊。"

敏浩挠了挠脑袋，罐头宝贝**微微一笑**。

"后来，美国的威廉·黑尔在康格里夫火箭的喷射口附近安装了三个螺旋式机翼，改装后的火箭可以更加准确地击中目标物。这种火箭叫作黑尔火箭。

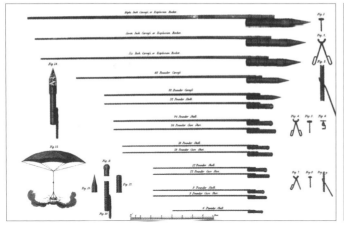

康格里夫火箭
火箭在稳定的工作状态下，增设了
平衡杆来延长射程。

黑尔火箭
用螺旋式机翼取代了平衡杆，
提高了导弹的准确性。

"有没有韩国人发明的火箭呢？"

"有啊。高丽时期的'走火'和朝鲜时期的'神机箭'都是韩国
人发明的。"

罐头宝贝**自豪**地说道。

"原来火箭是这样一步一步发展起来的呀！可是除了刚刚说的这
些都是军用火箭，运载人造卫星的火箭是什么时候出现的呢？"

"20世纪初，人们正式开始航天火箭的研究和试验工作，这时
有两位重要人物做出了巨大的贡献。"

"是哪两位呢？"

敏浩眼睛瞪得**溜溜圆**，罐头宝贝却故意卖关子。

"是啊，会是谁呢？"

"我好想知道啊，你快告诉我嘛！"

韩国人发明的走火与神机箭

韩国人的祖先研究过火箭吗？
岂止是研究过，韩国人的祖先从高丽时代就已经开始制造火箭了。
我叫崔茂宣，是高丽的一名武将，我发明了“走火”，意思是“行走的火焰。”
哇，这就是韩国人最早发明的火箭啊！
是的。与现在的火箭原理相同。朝鲜时代的“神机箭”就是在“走火”的基础上改良的。
神机箭？意思是神奇的武器吗？
啧啧，神机箭速度非常快，所以意思是“出神入化般的机械箭”。使用时要点燃箭杆上的火药桶引信。
原来是利用火药燃烧产生的推力发射神机箭啊！
嗖！
没错！神机箭到达目的地后，点火桶被点燃，炸药一声巨响！
天哪！
哐！
这不和我前不久在新闻中看到的弹道导弹差不多嘛！韩国人的祖先、走火和神机箭真是都太了不起了！

太空飞行和火箭研究

"现在的火箭早已冲出地球飞向太空，对火箭的诞生起决定性作用的两个人分别是齐奥尔科夫斯基和戈达德。1879 年俄罗斯的一所小学里有一位年轻的数学老师，他的名字叫齐奥尔科夫斯基。"

"什么斯基?"

"齐奥尔科夫斯基。他一直在想，如果要去太空旅行就必须得离开地球，但要怎样才能**离开**地球呢? 于是他反复研究，还进行了多次火箭试验。"

"那肯定有重大发现吧?"

齐奥尔科夫斯基

把火箭做成多级火箭，每脱落一节速度就会加快。

44

"是啊。他发现火箭的速度和喷气速度有关。"

"喷气速度就是火箭喷出气体的速度！所以呢？"

"齐奥尔科夫斯基发现液体推进剂利于提高喷气速度，第一个想到了多级火箭。这种火箭像火车一样相连而成，因此给它起名为**太空列车**。"

罐头宝贝又重新对多级火箭进行了解释。多级火箭是将燃料分装在几个罐内，再依次卸掉用完的燃料罐。这样一来，火箭重量逐渐减轻，加速度变大，很容易把火箭送入太空。

"太空列车！这么说火箭是像火车车厢一样节节相连的啊。"

"没错。齐奥尔科夫斯基还认为可以用来做火箭燃料的有液氢和液氧，还提出了太空电梯和太空停车场的构想。"

"看来，制造火箭的过程特别复杂和困难。"

敏浩吐了吐舌头。

"齐奥尔科夫斯基提出的火箭相关理论对之后火箭的开发产生了巨大的影响，因此人们称他为宇航天文学之父。"

"那另外一个对火箭的发明做出巨大贡献的人是谁啊？"

"他叫罗伯特·戈达德，是个美国人。他在少年时期看完科幻小说《星际战争》后，对太空和火箭产生了浓厚的兴趣。"

"戈达德？"

"戈达德长大后成为研究太空飞行的学者，他主张火箭可以飞出地球对流层、飞向太空，甚至可以到达月球。"

"哇！人们一定**很震惊**吧？"

"他刚说出设想的时候，人们都嘲笑他甚至连高中的基本物理常识都不懂。"

罐头宝贝介绍说，戈达德认为利用作用力与反作用力，可以将液体燃料火箭送入太空。但当时的学者们批判了戈达德的主张，他们认为在真空状态下的太空中不存在可以推动火箭的物质，作用力与反作用力定律并不适用，因此液体燃料火箭无法运行。

"但戈达德认为即使在真空状态下也可以通过作用力与反作用力定律来产生推力。事实证明他的猜想完全正确。"

"哇！**真厉害！**"

"所以戈达德被称为现代火箭之父。"

最早的液体燃料火箭比想象的要小。

1926 年戈达德试验发射了世界上第一枚液体燃料火箭。该火箭长 3 米，飞行延续了 2.5 秒，最大高度为 12 米，飞行距离为 56 米。

地球和太空的关系

包围地球的空气层叫作大气，大气聚集的空间叫作大气层。大气层包括对流层、平流层、中间层和热层几个部分。对流层是距地表最近的一层，随着高度的增加，气温逐渐降低。因空气对流现象频繁，会出现雪、雨、多云、台风等气象。

平流层分布在臭氧层内，吸收太阳紫外线，所以随着高度的增加，温度逐渐降低。

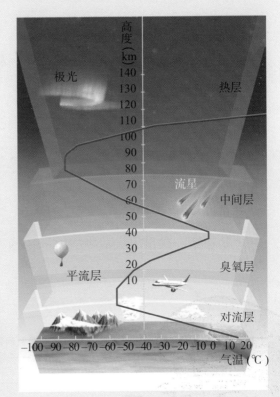

中间层的气温随着高度的增加而降低，热层则与之相反。火箭从地球发射后，经过对流层、平流层、中间层和热层被送入太空。

运载火箭的孪生兄弟
——导弹的问世

罐头宝贝突然问敏浩是否了解导弹。

"导弹? 不就是**嗖**的一声射向攻击目标,引发爆炸的摧毁性武器嘛。怎么突然提起这个了?"

"继齐奥尔科夫斯基提出航天学理论,戈达德实验研究成功之后,人们研制出一枚又一枚火箭升入太空。这时,有些人开始想利用火箭制造武器。"

"是谁啊?"

"是在第一次世界大战中战败的德国人。他们认为在性能优良的

多恩伯格

哈哈!我们德军拥有利用火箭研发出的新武器——导弹。

V-2 火箭
是用乙醇和水的混合物做燃料，用液氧做推进剂的单级火箭。

火箭上装载炸弹，发射之后再调整方向，就会成为一种**杀伤力极强的武器。**"

罐头宝贝说，基于这种想法，德国军官兼火箭专家多恩伯格和韦纳·冯·布劳恩两人研发出了 A-4 火箭，后来称之为 V-2 火箭。

"所以德国成功研制出了用乙醇和水的混合物做燃料，用液氧做推进剂的单级火箭，即 V-2 液体火箭。它是当时最接近太空的火箭。"

罐头宝贝说，不过**很遗憾** V-2 火箭不能装载人造卫星，只能装载炸弹。这种武器在第二次世界大战中被发射到英国等欧洲各地，造成了巨大的人员伤亡。这就是弹道导弹的开端。

"但随着二战结束，德国战败，对 V-2 火箭的研发起重要作用的冯·布劳恩带领其他设计师，**秘密**前往了美国研究远程火箭。"

"那么现在美国的火箭技术是世界顶尖的吗？"

"这个嘛，当时与美国抗衡的军事大国苏联也对 V-2 火箭很感兴趣。所以谢尔盖·科罗廖夫带头聚集留在德国的其他火箭专家，并收集资料研制火箭。

"看来，美国和苏联都想抢先一步研制出火箭。"

的确如此，以冯·布劳恩为首的美国和以科罗廖夫为首的苏联，为开发出性能优良的火箭，也就是导弹，展开了激烈的竞争。

"是啊。最后两国在 V-2 火箭技术的基础上都成功研制出了射程达 1 000 公里、在陆地和陆地之间使用的导弹。这就是洲际弹道导弹。"

"那么率先发射人造卫星的是哪个国家？美国还是苏联？"

敏浩很想知道究竟是哪个国家率先发射了人造卫星。

运载火箭与导弹的区别

运载火箭和导弹到底有什么区别呢？

火箭，也叫航天运载火箭，在设计和功能上与导弹完全相同。但有两点不同。

哪里不同？

运载火箭承载类似于人造卫星的航天器，用来执行太空开发任务。

人造卫星

而导弹则装载炸弹、核武器以及生化武器等攻击敌人的武器。

炸弹

另外飞行弹道不同。运载火箭要射入太空，所以要按照预定轨道飞行。弹道导弹则按抛物线轨迹飞行，最后落地。

运载火箭

导弹

啊！

我知道了。

原来运载火箭和导弹不是一回事啊。

人造卫星时代的到来

"1955 年 7 月 29 日，美国总统宣布美国将发射人造卫星的计划。"
罐头宝贝终于开始讲人造卫星的故事了。

"人造卫星终于出现了！竟然是美国先发射的呀！"

敏浩一脸兴奋，听完罐头宝贝的话，应声说道。

"苏联听说美国要发射人造卫星，就打算抢先一步发射，想借此打击美国的气焰。"

"那么，是苏联先发射的人造卫星吗？"

"于是，1957 年 10 月 4 日 17 时 28 分 34 秒！苏联以自主研发的洲际弹道导弹 R-7 作为运载火箭，成功发射了人造卫星。"

"这个人造卫星后来怎么样了？"

"R-7 火箭全速飞向太空，5 分钟后火箭搭载的人造卫星传来简单的信号。这颗人造卫星的名字就叫作'斯普特尼克 1'号。"

"斯普特尼克?"

"嗯，斯普特尼克! 是**旅伴**的意思。"

罐头宝贝说，"斯普特尼克 1"号以每小时 29 000 千米的速度飞行，绕太空轨道一圈耗时 96.2 分钟。在之后的 3 个月里飞行了约 6 000 万千米，1958 年 1 月 4 日坠入大气层消失了。

"一个月以后即 1957 年 11 月 3 日，苏联又发射了'斯普特尼克 2'号。'普特尼克 2'号搭载了'乘客'。但乘客不是人，而是一只名叫莱卡的狗，虽然它只活了几个小时。"

"它不是乘客，是实验动物吧! 太空实验动物真是**太可怜了**。"

"是啊。为了探索太空，动物为人类做出了牺牲。虽然很可惜，但是多亏有了像莱特一样的实验动物，才使得现在的火箭技术如此发达。"

敏浩认真地点了点头。

"1957 年 10 月 4 日苏联成功发射了'斯普特尼克 1'号,美国为之震惊。苏联最先拥有远程火箭技术,配备核爆炸装置的导弹可以攻击美国,这一事实让美国深感**恐惧和危机**。这件事被称为斯普特尼克效应。"

"啊,原来如此。那么美国发射人造卫星了吗?"

"苏联成功发射人造卫星后的第 109 天,1958 年 1 月 31 日,美国的冯·布劳恩博士小组利用'朱诺 1'号运载火箭,将美国的第一颗人造卫星'探险者'号送上了轨道。"

"虽然**稍晚于**苏联,看来美国也成功发射了人造卫星。"

"是啊。"

罐头宝贝说,自那之后美国于 1958 年 3 月 17 日成功发射了人造卫星"先锋 1"号;1962 年 7 月发射了实用卫星"电星 1"号,这颗人造卫星可以实现大陆与大陆之间的电话与传真通信,可以进行电视实时转播。

"看来'电星 1'号给我们的生活带来了很大的便利。"

"是啊。因此我们才可以看到在其他国家举办的体育比赛。"

1958 年美国创立了**太空探测**机构——NASA。1969 年成功发射"阿波罗 11"号,成为第一个将人类送上月球的国家。另外,美国还研发了在紧急情况下可以应急使用的电缆或无线宽带等通信工具,这就是最早的互联网——阿帕网,它成为美国军事机构和主要国家机关的通信工具。阿帕网不断发展,最后演变成我们现在使用的**因特网**。

"其他国家呢？"

"与苏联和美国相比，法国研发人造卫星的时间较晚。1965年法国发射了第一颗人造卫星'A-1'号，采用自主研发的'钻石'三级火箭，将其成功送入太空轨道。1970年日本和中国分别发射了人造卫星。之后，英国、印度、以色列等国家陆续发射了人造卫星。"

罐头宝贝还介绍了韩国发射的人造卫星。1992年韩国发射了第一颗人造卫星，"我们的星1"号。

"哇，韩国终于在1992年发射了人造卫星。"

"嗯，对啊。关于韩国人造卫星的故事我会慢慢告诉你的。"

人造卫星长什么样子呢？

　　敏浩了解了人造卫星首次发射的时间以及发射的过程，现在他又开始好奇，太空中运行的人造卫星究竟长什么样。

　　"罐头宝贝，'斯普特尼克'号或者'探索者'号等那些人造卫星长得什么样？跟你长得像吗？"

　　罐头宝贝摇了摇头。

　　"人类制造的第一颗星星——人造卫星，外观最好要像天体。"

　　"什么意思？"

　　"这是制造'斯普特尼克1'号的科罗廖夫对人造卫星开发小组说的话。因此人们把人造卫星制成了天体模样。"

　　"像太阳、地球、月亮这样的天体吗？那岂不是一个圆球？"

　　"是啊，人类第一颗人造卫星'斯普特尼克1'号呈**球形**，有4

"斯普特尼克 1"号
直径 58 厘米，重 83.6 千克。

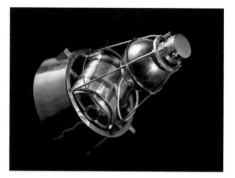

"斯普特尼克 2"号
高度 4 米，直径 2 米，重 508 千克。

根细长的天线。天线用来发射信号。"

"'斯普特尼克 2'号也是球状的?"

"不,'斯普特尼克 2'号是**圆锥状**的,又大又重,因为它得搭载小狗莱卡。"

敏浩忽然对美国的人造卫星产生了兴趣。

"美国的人造卫星长什么样?"

"'探索者 1'号像一支钢笔,'先锋 1'号人造卫星像一个球。之后人类向太空发射了很多大小和外观迥异的人造卫星,但以像圆桶或球这样的圆形为主。"

"原来人造卫星主要是圆桶形或球形的呀!"

"那是因为人造卫星需要搭载火箭,火箭上方是**圆的**。但是现在随着技术越来越发达,人类正在制造四棱形、六棱形的人造卫星。"

"原来人造卫星的制造技术还在不断发展啊!"

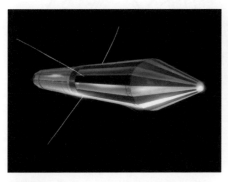

"探索者 1"号
长 203 厘米,直径 16 厘米,重 14 千克。

"先锋"号
直径 15 厘米,重 1.5 千克。

罐头宝贝说，人造卫星的外形根据执行任务的不同而不同。例如，用来拍摄太空的观测卫星、气象卫星或天文卫星等，都装有大照相机；而进行实况转播的人造卫星都装有大天线，用来接收和发送信号。

"韩国研发的人造卫星长什么样？"

"人造卫星'千里眼'装有巨大的太阳能电池板，用来吸收太阳能，并将其转化为其他能源。而且为了完成所执行的任务，它还装载了气象搭载体、海洋搭载体和通信搭载体。

"人造卫星'千里眼'是什么时候发射的呢？"

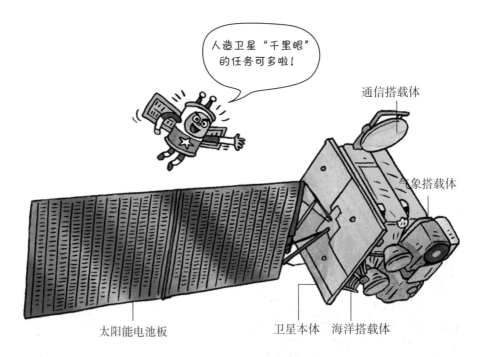

人造卫星"千里眼"的结构
韩国于 2010 年发射的人造卫星"千里眼"虽然执行通信、海事及气象观测等多重任务，但人们普遍知道的是，"千里眼"是一颗气象卫星。

"是2010年6月发射的，用于气象观测、海洋观测，以及卫星通信。"

敏浩朝着罐头宝贝点点头，说道，

"哇！人造卫星的外形和任务种类真多啊。还有像你这样圆柱体易拉罐的卫星宝贝啊！"

敏浩**哈哈**笑着说。

"别胡说，是像易拉罐那样的圆柱体才对。"

敏浩又说罐头宝贝是圆柱体易拉罐，罐头宝贝听了很生气。它的身体**一闪一闪的**，发出一道强光。

"罐头宝贝，对，对不起啊……"

敏浩正想跟罐头宝贝道歉，罐头宝贝身体里发出的那道光突然照射在实验室的黑板上，紧接着出现了一幅画面。

"哈哈，吓到了吧，你好好看看。"

"哎，我以为你又生气了呢！"

敏浩松了一口气。

"嘿嘿，你现在对我还不了解，所以聪明如我是可以理解哒。"

"但是那些画面是怎么回事？"

"敏浩，我觉得你对人造卫星很感兴趣，所以我想告诉你人造卫星是怎么制造的，又是怎么发射的。"

"好啊，快告诉我。"

研制人造卫星

研制人造卫星大致要经过设计、制作和组装等阶段。

人造卫星设计好后，就进入到制作准备模型阶段，再经过各项测试和组装，才算最终完成。

大小和外观该怎么设计呢？

用什么材料好呢？

设计

决定了人造卫星的外观与大小之后开始绘图。这时要决定制造人造卫星所需的材料。

制作准备模型

绘制好设计图后，制作准备模型。制作准备模型是为了在把人造卫星发射到太空之前发现问题、然后针对问题对设计图做出修改。之后还将进行前期功能测试、结构热工测试、软件测试等各种测试。

看来，不受电磁波干扰！

机型设计与零件制作

准备模型设计好了，就可以开始具体设计在太空中实际飞行的人造卫星模型和要使用的零部件，并且每个零件的性能都要经过精密检测。

组装人造卫星

按照设计图组装各个零件。人造卫星最基本的部分是机身，另外与执行任务有关的系统是专用系统，将机身部分与专用系统组装起来，人造卫星制造就完成了！

发射人造卫星

　　人造卫星制作成功之后，要经过各种测试，才能将其发射到太空中去。发射到太空中的人造卫星在进入正常轨道后开始执行任务。

分阶段测试

　　为确认组装好的人造卫星能否在各种环境中正常发挥性能，将分为以下三个阶段进行测试。

　　第一阶段　发射环境测试。 运载火箭承载人造卫星将其送往太空时，对发射时产生的振动、噪声、冲击等进行对比。

　　第二阶段　轨道环境测试。 太空处于真空状态，温度要么极高，要么极低，测试人造卫星在太空环境下能否正常运转。

　　第三阶段　电波测试。 太空中存在着许多我们肉眼看不见的电磁波，测试人造卫星能否抵抗强电磁波的干扰并正常工作。

发射

当所有的组装和测试工作完成后，就要将人造卫星移送到发射场，将人造卫星和运载火箭相对接。经测试，确定火箭和人造卫星的对接与分离完全无误时，将人造卫星和火箭一同运送到发射台。根据观测站的指示倒数计时，10、9、8、7、6、5、4、3、2、1，发射！

执行任务

人造卫星成功进入目标轨道后，通过与地面通信，调整轨道并检查人造卫星状态。如果人造卫星状态稳定，就可以执行任务了。

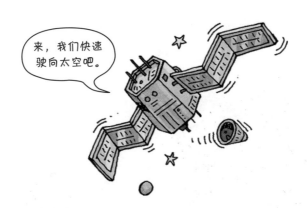

人造卫星是用什么制成的?

"罐头宝贝,人造卫星是用什么制成的? 看你的样子好像是用铝一类的金属制成的。人造卫星要去太空执行任务,太空与我们生活的地球不同,所以人造卫星一定是用**特殊**材料制成的吧?"

"当然,得用轻盈、耐振、耐热的材料。"

"那是什么材料?"

"比如纤维、碳合成材料、钛合金以及特制的铝合金、强化纤维塑料之类的。"

"什么合成材料? 什么塑料?"

敏浩摇晃着脑袋不得其解,罐头宝贝又继续说道,

"人造卫星的表面部分是用特制的铝合金制成的。最近普遍使用既能适应 1 000 ℃以上高温,又能适应 0 ℃以下低温的钛铝合金。"

"钛铝……哎呀,怎么一种还不够,怎么还需要两种。"

"人造卫星的天线是用形状记忆合金制成的。合金是由不同性质

太空停车场也是用特殊材料制成的。如果发生故障,可以在这里进行维修。

温度到了，用形象记忆合金制成的天线可以展开啦。

的金属合成的新金属材料。"

"形状记忆合金？"

"是啊，形状记忆合金是由几种不同的金属制成的，顾名思义，记住自己原来样子的合金。"

"哇，金属还能记住自己的样子，**真神奇**。"

罐头宝贝说，人造卫星的天线是用形象记忆合金做成的，目的是将人造卫星送向太空的时候减少体积。形象记忆合金有一种特性，即达到一定温度后它会自动变回原来的形状。所以人造卫星的天线被折叠装载在火箭上，送到太空后，金属吸收太阳能，达到一定温度后，天线会舒展成原来的形状。

"人造卫星的表面覆盖了一层类似于金箔纸的薄膜，我们称它为多层绝热薄膜。太空中温度变化很大，绝热薄膜能帮助人造卫星保持恒定的温度，而且还能防止外部撞击。"

"原来人造卫星的表面不是铜、铁、玻璃之类的普通材料啊。"

"人造卫星要在太空执行任务，所以制造时也要选择**特殊**材料。"

本章要点
回顾

 韩国最初制造的火箭是什么火箭？

 韩国最初制造过火箭形的武器，即走火，意思是"飞奔的火焰"。走火是高丽末期的崔茂宣发明的，朝鲜时代经过世宗大王的改良，制成了神机箭。神机箭在竹制的箭杆上绑着用韩纸做的药筒。药筒里装满火药，在地上钻洞，固定药筒，火药一边燃烧一边喷气，目的是使神机箭像火箭一样飞出去。后来发明了战车，人们就用战车承载神机箭进行发射，并作为武器使用。

神机箭战车

 运载火箭和导弹的区别是什么？

 运载火箭和导弹的设计、功能几乎相同。区别在于，运载火箭承载类似于人造卫星的航天器，用来执行太空开发任务，而导弹装的是炸药或核武器等；运载火箭沿着预定轨道在地球周围旋转，但是导弹按抛物线轨迹飞行，最后落地。

人造卫星

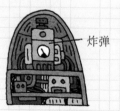

炸弹

世界上最早的人造卫星是什么?

 世界首颗人造卫星是苏联的"斯普特尼克 1"号人造卫星,1957 年 10 月 4 号由运载火箭发送到太空。

"斯普特尼克 1"号飞行速度为 29 000 千米 / 小时,沿轨道转一圈费时 96.2 分钟。"斯普特尼克 1"号在 3 个月期间飞行距离约为 6 000 万公里,最后坠入大气层消失。

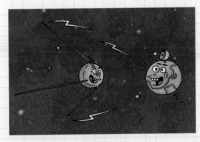

"斯普特尼克 1"号

 怎样发射人造卫星?

 首先要制作人造卫星。最开始要确定人造卫星的大小和所需材料,之后进行设计,制作准备模型,最后进行组装,组装结束后人造卫星就做成了。人造卫星制作结束之后还要进行各种试验,最后将人造卫星与火箭对接,就可以发射了。

① 设计人造卫星。

② 制作准备模型,以便进行各种试验。

③ 设计机型,制作零部件。

④ 组装人造卫星。

⑤ 对发射环境、轨道环境以及电磁波环境进行测试。

⑥ 将人造卫星与运载火箭对接,对接成功后发射。

⑦ 人造卫星进入轨道并执行任务。

第 3 章

善解人意的
人造卫星

人造卫星用途广

敏浩突然靠近罐头宝贝，上下打量了一番之后说：

"那么你也是用特殊材料做成的吗？"

"这个嘛……"

罐头宝贝突然**吞吞吐吐**起来，敏浩扑哧一声笑了，一边咚咚敲打着罐头宝贝的身体，一边说道：

"看你吞吞吐吐的，该不会真的是用易拉罐做的吧？"

"不是易拉罐，是铝，而且是特殊的铝。"

罐头宝贝稍微皱了一下眉头回答道。

"好吧，就算你是，但是长成你这个样子，能做什么事吗？"

听敏浩这么一问，罐头宝贝充满自信地回答道：

"当然了，人造卫星能做的事情相当多。"

"那么你能做什么呢？"

"怎么说呢，可不是一件两件。"

"不是一件两件，是三件？"

敏浩好像是在嘲笑罐头宝贝，说完**嘎嘎大笑**起来。

"敏浩，你又小看我。"

"抱歉，我不是故意的，我只是好奇人造卫星能在太空中做什么，也想快点儿知道你是个什么样的人造卫星，所以就……"

"我是个善解人意的人造卫星，所以能理解你，但是下不为例。"

“知道了。”

“等你知道了人造卫星给地球村人们的生活带来这么大的便利，你一定会大吃一惊的。”

“罐头宝贝你太自信了！”

“当然！看到人造卫星给人类带来如此多的便利，我也着实特别惊讶。所以我为自己是一颗人造卫星而感到自豪。我一定要告诉你。”

“嗯，好啊。”

敏浩故作镇静地说。但看到罐头宝贝充满自信的样子，不禁心里一惊。因为在敏浩眼里，罐头宝贝一直就像个玩具，但现在却有种人造卫星专家的感觉。看到这样的罐头宝贝，敏浩对人造卫星的用途更加好奇。

敏浩对罐头宝贝所讲述的人造卫星故事越来越感兴趣了，**全神贯注**地听着。

预测天气

　　罐头宝贝又在黑板上射出一道光，黑板上立即出现了一幅气象云图。

　　"这是韩国自主研发的人造卫星'千里眼'发来的在太空中拍摄的云图。从这幅云图上可以清晰地看到，南部济州近海到日本一带有一条长长的梅雨锋线，菲律宾东部海域有台风生成。"

　　"罐头宝贝，你突然在说什么呢？"

　　"嘿嘿，我在学天气预报员预报天气。"

　　"所以呢？"

　　"你看天气预报时，看到过那个云图吧，云图正是人造卫星拍摄的照片。"

这是气象卫星发来的气象云图。

罐头宝贝说，气象厅根据气象观测站观测的资料、人造卫星拍摄的空气流动和云的走向情况，预测天气，并向人们传达，就叫作天气预报。而且还说，进行气象观测，为天气预报提供资料的卫星叫作气象卫星。

"那么，气象卫星就是发送到太空中，用于气象观测的人造卫星喽！"

"是的，气象卫星用于观测大气现象、云层的种类和厚度、台风的出现和走向等，并将这些资料及时发送回地球。"

"如果没有准确的天气信息会怎么样？"

听完敏浩的话，罐头宝贝**不住地摇头**。

"敏浩，如果没有天气预报，你觉得会怎么样呢？"

"这个嘛，我们的生活会很不方便。学校去体验学习或确定旅行日期时，如果不了解天气状况，很有可能把旅行搞砸。"

"何止是这样啊。如果不了解天气状况，农民会因为突来的冰雹、霜冻、干旱、洪水等与天气有关的自然灾害毁掉一年的劳动成果；渔夫在出海捕鱼时突遇台风也会很危险。"

"是啊。"

"不论是驾驶飞机的飞行员还是指挥飞机的航空管制员，对他们来说，收听天气预报、准确掌握天气状况，就是在守护生命。"

"那气象卫星是什么时候发明的呢？"

"1960 年美国发射了**首颗**气象卫星'泰罗斯 1'号，'泰罗斯 1'号传来它在太空中拍摄到的地球云图。自此气象卫星的时代宣告来临。"

这时，敏浩想起罐头宝贝刚才**模仿**天气预报员预报天气，还提起韩国的人造卫星"千里眼"。

"那么，'千里眼'卫星是韩国研发的气象卫星吗？"

"是啊，'千里眼'卫星是韩国在 2010 年研发的通信海洋气象卫星。韩国是继美国、俄罗斯、日本、中国、印度以及欧盟之后拥有气象卫星的国家。"

成立气象卫星协调组织

就这样，世界各国为保护地球环境，观测气象变化，成立了共享卫星信息的气象卫星协调组织。

参与科学研究

　　韩国也成为世界上拥有气象卫星的国家之一，对此，敏浩心里**喜滋滋**的。

　　"韩国的第一颗人造卫星是什么时候发射的呢？"

　　敏浩想着想着，在好奇心的驱使下，忍不住想要问罐头宝贝，就在这时，罐头宝贝模仿着新闻播音员的腔调说道：

　　"KITSAT 终于开始发送资料，我们**成功了**。"

　　"KITSAT? KITSAT 是什么卫星？"

　　"KITSAT 是 1992 年 8 月 11 日从南美圭亚那库鲁太空基地发射的从火箭上分离出来的一颗人造卫星。卫星发射后仅用了 12 个小时韩国就收到了信号。"

1993 年 10 月 8 日，韩国首颗人造卫星"韩星一号"发来的照片。

"那么 KITSAT 是韩国的人造卫星吗？"

"是啊。KITSAT 就是韩国的第一颗人造卫星'韩星一号'。'韩星一号'长 35.6 厘米、宽 35.2 厘米、高 67 厘米，呈六面体，是一颗重 48.6 千克的小型卫星。它在地球上空 1 300 km 处绕着地球旋转，是一颗科学实验用卫星。"

"科学实验用卫星？"

"是啊。像'韩星一号'这样，用于收集科研资料而研制的卫星被称为科学实验用卫星。科学卫星能够观察地球和地球周边环境、太空变化和太空中发生的各种现象。"

"原来是这样啊。"

"不过'韩星一号'并不是韩国独立研发的，它是由韩国和英国的萨里大学联合开发的。"

一听说"韩星一号"是由韩国和英国共同设计的，敏浩显得很失望。罐头宝贝**马上补充道：**

"第二年，也就是 1993 年 9 月 26 日，韩国自主研发的人造卫星'韩星二号'成功发射。"

"哈哈，果然韩国也成功研制出了人造卫星。"

"是的，2003 年 9 月 27 日韩国又成功发射了首颗天文、太空科学实验用卫星——'科学技术卫星一号'。这颗卫星每天围绕地球旋转 14 圈观察太空，对韩国的太空科学发展起到了重要作用。"

听了罐头宝贝的话，敏浩顿时**笑逐颜开**。

提前进入通信时代

"敏浩，你最喜欢的运动员是谁？"

"你可能听过，足球运动员寄诚庸和李青龙，还有棒球运动员柳贤振和姜正浩，他们现在都在国外发展。"

"那么，你看过他们在国外的比赛吗？"

"当然了，只要打开电视就可以看到很多在国外发展的韩国运动员……难道这也跟人造卫星有关吗？"

"真聪明！我们能够及时收看韩国运动员们在国外的**精彩表现**，都得益于通信卫星！"

罐头宝贝说，在发射通信卫星之前，我们也能看到在国外进行的比赛。以前，外国和韩国之间建立了很多接收并传递电磁波的中继站，但问题是中继站的**需求量很大**，而且只要电磁波受到干扰，画面就会消失。而通信卫星的出现使得这一问题迎刃而解。

"通信卫星和电话也有关系吗？"

"是的。简单地说，观看卫星直播、在世界各地都可以用电话联系、提前进入地球村时代，这些都离不开通信卫星。"

加油！
哇！

现在欧洲足球比赛已经开始了。

大家好！我是通信卫星。我围绕地球旋转，接收从地球发来的信号，并将信号发送到其他地区。

罐头宝贝继续说道，1960 年美国发射了通信卫星"回声一号"，此后通信卫星不断发展。

"那韩国的通信卫星呢？"

"1995 年 8 月 5 日，韩国在美国佛罗里达州卡纳维拉尔角空军基地利用'德塔尔 2'号运载火箭将'无穷花 1'号成功送向了太空。"

"'无穷花 1'号原来是韩国的首颗通信卫星啊！"

"是啊。'无穷花 1'号卫星装载了 3 个直播用的中转机和 12 个通信用的中转机，用于接收和发射卫星直播与通信所需电磁波，自此韩国的卫星时代正式拉开序幕。之后，韩国还发射了'无穷花'2 号、3 号、5 号通信卫星。"

"'无穷花'人造卫星！连名字都起得这么好。多亏了这颗卫星，我才能**及时**看到我喜欢的运动员在国外的精彩表现。"

敏浩笑着说道。

多亏了人造卫星，我们才能及时收看欧洲的足球比赛！

用作军事设备

"你知道人造卫星还能做什么吗?"

罐头宝贝这么一问,敏浩**搔搔后脑勺**,使劲地摇了摇头,似乎在说自己怎么想也想不出来。

"给你个提示,你好好想一下。20 世纪末美国侦察卫星在朝鲜的咸镜北道吉州郡丰界里,将朝鲜将士穿洞造路的场景拍摄了下来。根据人造卫星拍摄的照片,美国察觉朝鲜准备进行核试验。紧接着美国对外宣布了朝鲜的核试验场。给你提示了这么多,现在你该知道人造卫星还能干什么了吧?"

"哦,原来是人造卫星发现了朝鲜进行核试验啊!"

"是啊，这种获取重要军事情报的人造卫星叫作军事人造卫星。"

"军事卫星！我刚也想这么说。"

"切，**说谎**。"

敏浩嘿嘿一笑，没有回答，罐头宝贝也跟着笑了，继续讲着军事卫星的故事。

"军事卫星曾在 1991 年海湾战争时发挥过重要作用。"

"海湾战争就是美国、英国、法国等许多国家向伊拉克开战的那场战争吧？"

"敏浩，你懂得挺多嘛！"

"**嘻嘻**，就这个嘛，对小学生来说是最基本的常识。"

"是吗？不管怎么说海湾战争时，美国的军事卫星提前获知伊拉克想向美国发射导弹，极大地减少了损失。"

"啊，原来还有这种事！

"与奔赴其他国家或地区执行任务的军队及飞机取得联系时使用的卫星是通信卫星，对潜水艇或者飞机位置准确定位的是导航卫星，确定弹道导弹的目标或者精确测量大陆间距离的测地卫星等都属于军事卫星。"

"我好像在间谍类影片或者战争类影片中看到过军事卫星。人造卫星能做的事可真不少啊！"

用于远程传感

"这就让你这么**惊讶**，人造卫星的用途还多着呢！"

"还有什么呀？"

"我先来考考你，你知道什么是远程控制吗？"

"当然知道了，我还有一辆能远程控制的玩具汽车呢，离得再远也能控制玩具、让它移动。这就是远程控制。"

"呵呵，差不多。利用无线或电信号对远端的设备进行操作的是远程控制；利用光、热、电磁波获取远处物体信息的是远程传感。"

瞬间，敏浩的**眼睛一亮**，

"人造卫星还能进行远程传感？"

"当然了。1999 年 12 月 21 日，一颗韩国的人造卫星搭载美国的'金牛座'运载火箭，飞向太空。这颗人造卫星叫'阿里郎 1'

哎哟……怎么走都看不到沙漠的尽头。

交给我吧！

号，这是韩国最早发射的多功能实用卫星，也叫远程观测卫星。"

"阿里郎卫星？"

"是啊，'阿里郎1'号在距离地面685千米的上空旋转，并进行观测。'阿里郎1'号配有摄像机，用于收集地形和海洋的图像，每天拍摄120张图像并传回韩国的研究所。"

"哇，真是**太厉害了**。"

"人们利用人造卫星可以轻易获取广阔地区的信息，还获取了人类无法涉足的区域的信息。"

"嗯，人造卫星竟然可以代替人类。"

"以前，人们要亲自到需探测的地区观测，这会消耗大量的人力物力。而采用人造卫星的远程传感，投入较小的人力物力就可以轻易获取广阔地区的信息。不仅如此，用'阿里郎1'号传回来的照片还能做成**精确的**地图。"

"制作地图不使用飞机拍摄的照片吗？"

"当然也要使用飞机拍摄的照片。但是想在短时间内观测一个广阔地区并绘制出地图的话，人造卫星效率更高。"

"啊，原来如此，人造卫星用途好多啊！"

使用人造卫星拍摄的照片绘制地图。

　　看到敏浩惊讶的神情，罐头宝贝耸了耸肩。

　　"不止这些，科学家们还利用远程人造卫星发送的资料观测地球的气候和环境的变化。"

　　"咦，这和刚才说的气象卫星的功能差不多啊。"

　　"对啊，科学家们不断收集人造卫星传来的资料，观察近期气候的变化，同时预测将来气候的变化趋势。"

　　"预测这些有什么用？"

"这些资料用途十分**广泛**，城市设计师在开发农村、建设城市时会尽可能减少环境污染；木材公司伐树或管理树木时，会用观测卫星判断哪片区域可以砍伐。哪片区域应该栽树。"

哈哈，多亏了我提供的信息，五谷丰登，鱼儿满舱，我好欣慰啊！

"原来人造卫星观测的资料可以应用于生活中**方方面面**啊。"

"嗯，研究农耕方法的人借助人造卫星传来的资料，可以精确地了解环境状况和土壤质量，进而找出与之相符的耕作方法。这样不仅可以提高产量，还可以减少农药和化肥的用量。使用海洋观测摄像机既可以观测到海洋表面，观测出海洋的水质状况，还可以探测到鱼群的位置。"

敏浩现在好像明白了为什么'阿里郎卫星'被称作多功能实用卫星了。

"原来是因为它有很多用途，而且能广泛应用于我们的生活中，所以被叫作多功能实用卫星啊。"

敏浩拍着手欢呼道。

根据人造卫星提供的信息，这里果然有好多鱼。

人造卫星，谢谢你！

作为定位的哲人

"你现在已经知道人造卫星的许多功能了，感觉怎么样？你现在还觉得我只是个普通的易拉罐吗？"

"你太谦虚了，你是一颗人造卫星，我觉得**太了不起了**。现在没了吧？关于人造卫星的用途都讲完了吧？"

"还有一点。叫作 GPS 的位置追踪器也要用到人造卫星。"

"我也知道 GPS。通过汽车导航仪或者手机来定位，是吧？"

"是的。GPS 是通过接收卫星信号来计算用户所在位置的系统，主要应用于飞机、船、汽车等交通工具的导航装置。最近手机、平板电脑等工具也经常使用导航系统。通过发射包括飞机、船、汽车等位置信息的电磁波，显示即时位置和目的地的人造卫星被称为导航卫星。"

汽车导航仪

手机定位

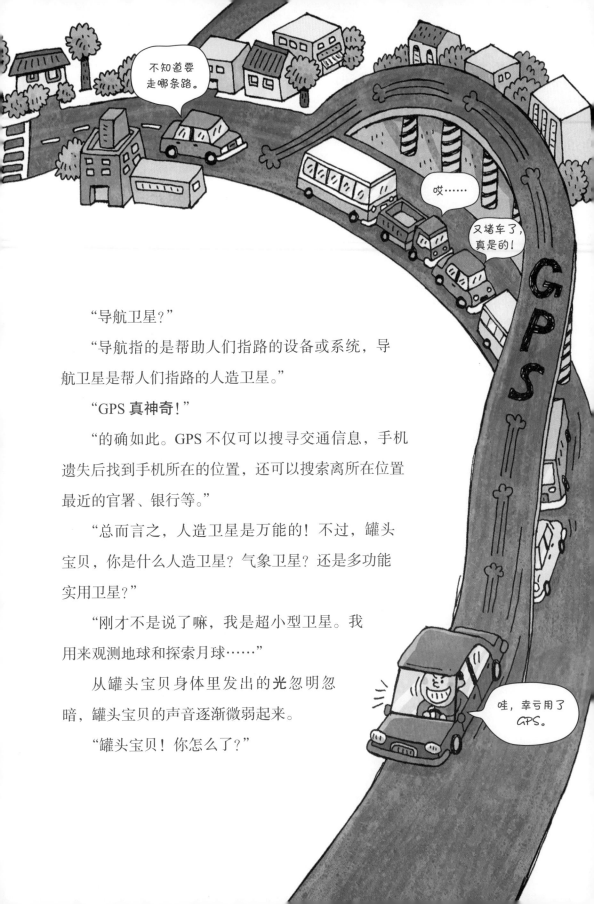

"导航卫星？"

"导航指的是帮助人们指路的设备或系统，导航卫星是帮人们指路的人造卫星。"

"GPS 真神奇！"

"的确如此。GPS 不仅可以搜寻交通信息，手机遗失后找到手机所在的位置，还可以搜索离所在位置最近的官署、银行等。"

"总而言之，人造卫星是万能的！不过，罐头宝贝，你是什么人造卫星？气象卫星？还是多功能实用卫星？"

"刚才不是说了嘛，我是超小型卫星。我用来观测地球和探索月球……"

从罐头宝贝身体里发出的**光**忽明忽暗，罐头宝贝的声音逐渐微弱起来。

"罐头宝贝！你怎么了？"

本章要点回顾

Q 气象卫星传来的资料有什么作用？

 利用气象卫星提供的资料可以更加准确地预测天气。气象卫星用于观测大气现象、云层的种类和厚度、台风的出现和走向等，并将这些资料及时发送到地球。利用气象资料可以得知下雨的时间、雨量、何时受台风的影响等，以便事先做好防备，免受灾害。天气预报正是这样为我们的生活提供帮助的。

气象卫星拍摄的云图。

Q 科学实验用卫星能做什么？

 科学实验用卫星在空间轨道上运行，在地球上空能清楚地观测到太空环境及难以确认的天体，并在太空环境中进行各种试验。科学实验用卫星不仅围绕地球旋转，还围绕太阳系中的其他行星旋转。1992 年 8 月韩国发射了首颗人造卫星"韩星一号"，"韩星一号"也是科学实验用卫星。罗老科学实验用卫星的运载火箭是韩国自主研发的"罗老"号运载火箭。

怎样能及时看到国外的运动比赛?

通信卫星能快速传来大量的信息和资料，所以我们能及时收看国外的比赛。"无穷花1"号是韩国首颗通信卫星，它开启了韩国通信卫星的时代，之后"无穷花"2号、3号、5号也成功发射。

什么是 GPS? 有什么作用?

GPS 是通过接收卫星信号来计算用户所在位置的系统，主要应用于导航装置。掌握候鸟的迁徙状况、判断海豚的位置等类似调查自然现象，或者农林业管理等领域，都需要用到 GPS。通过发射包括飞机、船、汽车等位置信息的电磁波，显示即时位置和目的地的人造卫星被称为导航卫星。

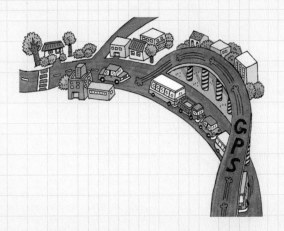

第 4 章

人造卫星的
成功发射

求速度

　　罐头宝贝变得**有些不对劲**，身体里发出的光越来越微弱，说话速度也越来越慢。

　　"我没事儿，只是太阳能不足导致电量不足而已，我已经启动了备用电池，没事的。"

　　罐头宝贝看出了敏浩的担忧，于是又用充满活力的声音说道。

　　敏浩一方面很担心罐头宝贝的状况，另一方面他也很好奇在空中执行任务的人造卫星为何会降落到这里。突然一个念头在敏浩脑中一闪而过。

　　"罐头宝贝，太空中有那么多的人造卫星，它们会不会**咣**的一声撞到一起?"

　　敏浩想，罐头宝贝会不会是和其他的人造卫星撞到了一起才掉到了学校周围，之后又被人捡回来放在了实验室呢。

　　"人造卫星之间当然也会发生冲撞，就像马路上行驶的汽车偶尔会出车祸一样。"

　　"那会怎样呢?"

　　"如果人造卫星之间发生冲撞，就会发出**巨大的光芒**，然后爆炸。人造卫星的碎片有的会坠落到地球，有的会成为太空垃圾。"

　　"那么，你掉到这里也是因为这个原因吗?"

　　"谁知道呢? 我也不是很清楚。我被发射到了高空中，正在执行任务，突然咣的一声我就失去意识了。醒过来的时候，我就在实验室了。"

"那得**避免**人造卫星**碰撞**才行啊，有办法吧？"

"有，首先要保证发射速度的准确性；其次，人造卫星到达目的地后，要维持好轨道秩序。"

"这和机动车不能超速、不能随意变更车道是一个道理。"

"是的。"

"轨道和车道差不多吗？"

"轨道是行星、彗星等天体围绕其他天体旋转时划过的曲线路径。人造卫星围绕地球旋转划过的圆形或椭圆形路径也称为轨道。总之，为了使人造卫星互不冲突、安全执行任务，首先要解决的问题是什么呢？"

"是**发射**问题。"

"是的。那么，发射时最重要的是什么呢？"

"火箭，也就是运载火箭？"

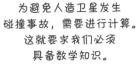

为避免人造卫星发生碰撞事故，需要进行计算。这就要求我们必须具备数学知识。

原来如此。需要哪些数学知识呢？

"准确来说就是计算运载火箭的速度。想要了解速度就要先了解速率的相关知识。"

"看来速度和速率不一样啊。"

"嗯，二者**略有不同**。速率是一定时间内物体移动的距离。"

$$速率=移动距离÷花费时间$$

"嗯，这我知道。"

"那速度呢？"

"速度在速率的基础上增加了方向。比如说，汽车向东行驶了30米，向西行驶了10米，此时的速率要用移动总路程40米除以花费的时间10秒。"

"速率是每秒4米！"

"没错。不过这里的速度又增加了方向的概念，用向东行驶的30米减去向西行驶的10米。也就是说出发点到目的地的距离是20米。要用20米除以10秒。"

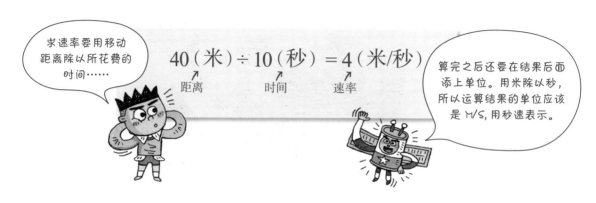

求速率要用移动距离除以所花费的时间……

$$40（米）÷10（秒）=4（米/秒）$$
距离　　　时间　　　速率

算完之后还要在结果后面添上单位。用米除以秒，所以运算结果的单位应该是 m/s，用秒速表示。

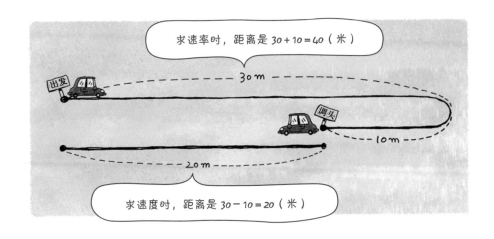

"哦，那么汽车的速度是每秒 2 米。"

"对。但是火箭从发射到离开地球，最后进入太空，这个过程中火箭的速度不是固定的。速度随时间变化的快慢用加速度表示，加速度是速度变化量与发生这一变化所用时间的比值。"

加速度=（末速度-初速度）÷花费时间

"嗯？你的意思是火箭的速度是**不断变化**的？"

"嗯，曾经对某个火箭的速度进行了测试，每秒测 1 次，一共测试了 3 次，第一次的速度为每秒 10 米，第二次的速度为每秒 20 米，第三次的速度为每秒 30 米，即火箭每秒匀速增加 10 米。这时我们能求出火箭的加速度为 10 米 / 秒。"

敏浩点了点头。

比较速度的单位

"罐头宝贝，为什么汽车的速度叫时速，而火箭的速度叫秒速呢？"

"因为火箭的速度**非常快**。火箭 1 秒就能飞得很远，因此用秒速表示火箭的速度。"

"啊，原来当速度非常快时速度单位用秒速啊！因为时速表示物体在 1 小时内的运行总距离，秒速表示物体在 1 秒内运行的总距离。"

种类	意　义	单　位
秒速	物体一秒钟移动的距离	米 / 秒，千米 / 秒
分速	物体一分钟移动的距离	米 / 分，千米 / 分
时速	物体一小时移动的距离	米 / 小时，千米 / 小时

秒针走60格，分针走1格。

"对。那么，火箭比汽车快多少呢？要想比较汽车和火箭的速度，首先要统一单位。汽车的速度单位是时速，所以火箭的速度单位也要换成时速。火箭每秒移动 8 千米，一分钟有 60 秒，所以一分钟……"

还没等罐头宝贝说完，敏浩**抢先**答道：

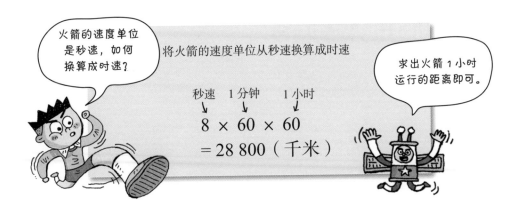

将火箭的速度单位从秒速换算成时速

秒速　1分钟　1小时
8 × 60 × 60
= 28 800（千米）

"将秒速换算成时速，要将 8 千米乘以两个 60。"

"是的，这样火箭的速度是 28 800 千米 / 小时。而且在表示速度时，除了时间单位可能不同外，距离单位也可能不同。比如，自行车的速度约为 18 000 米 / 小时，火箭的速度为 28 800 千米 / 小时，为表示两个物体移动的距离，自行车用米表示，火箭用千米表示。这是因为千米是大单位，比米大 1 000 倍。"

1千米＝1 000米

"啊！如果将自行车的距离单位换算成千米的话，只要除以 1000 就可以了啊。"

"没错，这样计算的话，自行车的速度是 18 千米 / 小时。"

将自行车的距离单位换算成千米
18 000（米）÷ 1 000 = 18（千米）

如何进入轨道

罐头宝贝说要给敏浩讲讲韩国发射的人造卫星。

"2013年1月'罗老'号第三次发射终于取得成功,'罗老'科技卫星被送入预定轨道。"

"'罗老'号?那不是韩国制造的吗?"

"是的。'罗老'号是韩国首次研制的运载火箭,是为了将韩国自主研发的人造卫星送入预定轨道。"

"但是人造卫星**成功**进入预定轨道是什么意思?"

"轨道是指卫星围绕地球运行的路径,大体呈圆形或椭圆形。成功进入轨道就是指人造卫星进入轨道后,虽会受到重力影响,但仍会保持一定的速度运行。"

别担心。只要你一直沿着预定轨道运行就不会掉到地球上。

别拽我了,我都快掉到地球上了。

啊,不好啦!失去了重力,我要飞出去了。

"人造卫星是怎么一直绕地球**旋转**的呢？简直太神奇了！"

"那是因为人造卫星以适当的速度运行，并与地球保持适当的距离。"

"适当的速度？适当的距离？"

"是的。如果人造卫星速度过快，就会失去重力，踪迹全无。相反，如果人造卫星速度过慢，就会被重力所牵引，最后**坠落**地球。"

"原来是这样。"

正如罐头宝贝所说，人造卫星以适当的运行速度，与地球保持适当的距离，在地球周围旋转。因此我们将轨道高度为 200 至 6 000 千米的人造卫星称为低轨道卫星，将轨道高度为 36 000 千米的人造卫星称为静止轨道卫星。极地轨道卫星属于低轨道卫星的一种。

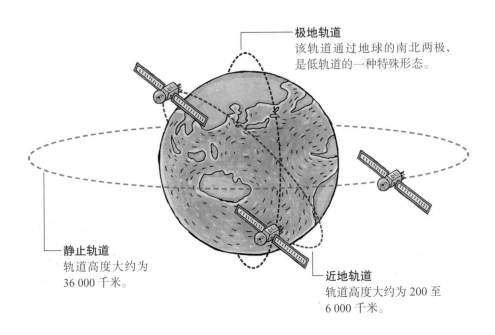

极地轨道
该轨道通过地球的南北两极，是低轨道的一种特殊形态。

静止轨道
轨道高度大约为
36 000 千米。

近地轨道
轨道高度大约为 200 至
6 000 千米。

"低轨道卫星相对来说距离地球较近，可以将地球的美景拍摄得更加**清晰**。因此观测卫星、气象卫星大部分都属于低轨道卫星。"

罐头宝贝说，低轨道卫星的周期取决于轨道高度，一般是 90 至 100 分钟左右，也就是说，绕地球一圈大约需 90 至 100 分钟。

"那么'罗老'号运载火箭搭载的人造卫星呢？"

"当然是低轨道卫星啦。'罗老'科技卫星的轨道高度在 300 至 1 500 千米之间，离地球时近时远，以椭圆形轨道绕地球旋转。"

"那么'罗老'科学卫星绕地球一圈大约需要多久呢？"

"103 分钟。现在问你一个问题，'罗老'科学卫星一天绕地球旋转几圈？"

"一天 24 小时，一小时 60 分钟，用 24 小时乘以 60 分，再用得数除以 103 分钟就行了。"

"哇！敏浩的数学好棒啊！是的，'罗老'科技卫星每天大概绕地球 14 圈。可惜我们与它**失联**了。"

求科技卫星一天之内绕地球旋转的圈数。

24（小时）× 60（分）=1 440（分）
1 440（分）÷ 103（分）=13.98（圈）

将 24 小时
换算成分钟

科技卫星绕地球
一圈所需的时间。

原来一天是
1 440 分钟啊。

应该先统一小时、
分钟、秒等时间单位，
再进行计算。

"唉，太遗憾了。"

"不过它还是给我们留下了很多资料。静止轨道卫星在离地球赤道上空大约 36 000 千米的轨道上围绕地球旋转，正好和地球的自转速度一致，轨道周期为 24 小时。

"原来每 24 小时才能绕地球旋转一圈啊。"

"是啊。在地球上看它仿佛是静止不动的，所以我们把它称作静止轨道卫星。"

"韩国的静止轨道卫星有哪些呢？"

"韩国的多功能卫星'千里眼'便是韩国首个静止轨道卫星。再问你一个问题！低轨道卫星——'罗老'科技卫星与静止轨道卫星'千里眼'卫星的距离是多少？"

"这个啊，用静止轨道卫星'千里眼'的轨道高度 36 000 千米减去低轨道卫星'罗老'科学卫星的轨道高度 300 至 1 500 千米，即可得出它们的距离范围。"

"哇！原来敏浩还是个**数学天才**呢。是啊，通过计算可以知道'罗老'科学卫星与'千里眼'卫星的距离范围是 34 500 至 35 700 千米。"

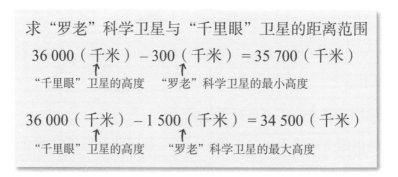

求"罗老"科学卫星与"千里眼"卫星的距离范围

36 000（千米）– 300（千米）= 35 700（千米）

"千里眼"卫星的高度　　"罗老"科学卫星的最小高度

36 000（千米）– 1 500（千米）= 34 500（千米）

"千里眼"卫星的高度　　"罗老"科学卫星的最大高度

罐头宝贝说极地轨道卫星沿着连接南极和北极的轨道运行，每隔 12 小时转动一周，观测频率高，可以观测到地球的任何一个地方，因此气象卫星、军事卫星等都属于极地轨道卫星。

厄拉多塞内斯的地球周长测量法

现在人们可以通过人造卫星了解到地球的外形和周长，以前呢？

量了一下地球的周长，原来是 40 120 千米啊。

在北半球一年之中白昼最长的夏至日正午时分，太阳居然会直射到位于埃及塞伊尼城的昔兰尼的水井？那地面上就不会出现水井的影子喽？

哦？为什么亚历山大城中柱子的影子没有消失呢？

同一时间塞伊尼城和亚历山大城的影子长短不同，难道因为地球是圆的吗？

厄拉多塞内斯认为如果地球是圆的，那么圆周角就是 360°，他又测量出亚历山大城内直立的柱子与影子间的夹角为 7.2°，然后利用这些条件来计算地球的周长。

360°　7.2° 亚历山大 ←
5000 ←阳光
昔兰尼 ←
塞伊尼 ←

$7.2 : 360 = 5000 : x$ 地球的周长

亚历山大与塞伊尼的距离是 5000 视距。这样计算的话，地球的周长就是 25 万视距。

1 视距大约 185 米，那么地球的周长就应该是 46 250 千米。

嗬，和我量的差不多啊！

求重量

"现在给你讲讲人造卫星重量方面的问题。想要进入太空，重量越轻越好，但需要几个设备，所以一定要计算好重量。"

"我最擅长计算了。"

"很好。140吨重的火箭升入空中，没多久火箭的第一级便在地球上空**分离出去**了。"

"然后呢？"

"然后没过多久，第二级分离，最后剩下的第三级也成功分离，只剩下人造卫星围绕地球旋转。此时人造卫星的重量充其量只有100千克，那么火箭的重量是人造卫星的多少倍呢？"

"我知道克（g）和千克（kg），但是不知道号吨（t）。"

"吨和千克一样，都是表示重量的单位。"

"那它们有什么区别呢？"

"吨是千克的1 000倍，1吨等于1 000千克。"

原来千克（KG）是克（G）的1 000倍啊。

1千克=1 000克
1吨=1 000千克

没错，吨（T）也是千克（KG）的1 000倍。

"原来吨比千克还重啊！"

"嗯！像金和银这种比较轻的物体用克作单位，像洗衣机这种稍微重一点的物体用千克作单位，而像卡车这种重量级的物体则要用吨来表示。"

"原来是这样。"

"你现在已经知道基本的重量单位了，算一下火箭和人造卫星的重量怎么样？"

"假设火箭的重量是 140 吨，人造卫星的重量是 100 千克，那么首先要把火箭的重量换算成人造卫星使用的单位千克，然后用大数除以小数，这样就能得出火箭比人造卫星重几倍。"

"敏浩，你的数学**学得真好！**"

"这有什么呀。火箭的重量是 140 000 千克，人造卫星是 100 千克，所以火箭的重量是人造卫星重量的 1 400 倍。"

火箭重量和人造卫星重量的比较：

140（吨）× 1 000（千克）= 140 000（千克）

140 000（千克）÷ 100（千克）= 1 400（倍）

火箭的重量　　人造卫星的重量

"叮，咚，噫！"

"将重 100 千克的人造卫星发送到太空，却需要比它重 1 400 倍的运载火箭，人造卫星**不容小觑**啊！"

"……"

听了敏浩的话，罐头宝贝什么也没有说。

"罐头宝贝？"

"……"

"罐头宝贝！"

"……"

罐头宝贝体内发出的光逐渐熄灭，就连备用电池的电量也消耗殆尽了。

面对突如其来的别离，敏浩心中一震，眼泪**夺眶而出**。

"还有好多故事没听你讲呢……"

敏浩一阵惋惜，呆呆地看着罐头宝贝。

人造卫星消失了!

1998 年 12 月,从地球发射了一颗勘察火星气候的人造卫星,在快进入火星轨道时突然消失了。

遗憾的是,这次事故并不是因为速度或材料问题,也不是技术问题,而是因为一个很小的计算失误:计算人员错把英制单位当作国际单位制使用。结果探射线过低,导致人造卫星运行过程中坠入火星大气层消失了。

当时很多人对此震惊不已,花费了大量时间和金钱研制出的探射线,竟然仅因单位计算失误而导致不能尽其所用,最后消失在茫茫太空。

单位,常见的有长度、重量、体积、时间等,是计量事物标准量的名称。国家不同,单位也不同。所以在这次事件之后,科学

家们更加注意确认单位。虽然单位只是个形式，可以一带而过，但这次事故是一个深刻的教训，它告诉我们：用错单位，后果将不堪设想。

就在这时，老师来实验室找敏浩。

"敏浩，你在这干什么呢？"

敏浩想把在实验室发生的事告诉老师，但转念却说：

"老师，那个罐子长得真像人造卫星。"

"是吗？前几天我在学校墙边捡到的，后来我就把它放到了实验室，总感觉它像人造卫星，**挺特别的**。"

"那要怎么处理它呢？"

"我打算把它送到全罗南道高兴郡的罗老宇航中心，那里是运载

火箭的发射基地。如果它真是人造卫星，那可能是出了什么问题从天空掉下来的。敏浩，现在时间不早了，回家吧。"

敏浩不禁松了口气。

"原来正如罐头宝贝所言，在天上执行任务时，不知为何出了故障。罐头宝贝被送到那里后，科学家会给它充电、对它进行维修，然后再将它重新送回太空的。"

天渐渐黑了，敏浩走在回家的路上，看着**一闪一闪**的星星，想起了罐头宝贝。

"天上闪烁的繁星中也有人造卫星吧！有朝一日罐头宝贝也**会**像那些星星一样，在天空中闪闪发光。"

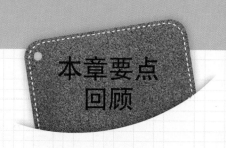

本章要点
回顾

人造卫星怎样按轨道进行区分？

人造卫星根据轨道不同，可分为低轨道卫星、静止轨道卫星和极地轨道卫星。低轨道卫星和极地轨道卫星的轨道高度在 200 至 6 000 千米之间，而静止轨道卫星的轨道高度约为 36 000 千米。

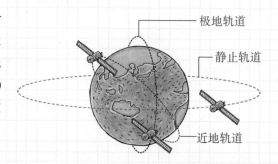

极地轨道

静止轨道

近地轨道

一辆汽车 10 秒行驶了 30 米，求速率？

速率是运动物体经过的路程和通过这一路程所用时间的比值。所以求速率的公式如下：

速率 ＝ 移动距离 ÷ 花费时间

    ＝ 30（米）÷ 10（秒）＝ 3（米 / 秒）

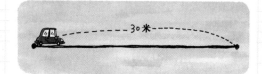

所以汽车的速率是 3 米 / 秒。

速度为 80 千米 / 小时的汽车与速度为 8 千米 / 秒的火箭，哪个速度更快?

要想比较汽车和火箭的速度，首先要统一单位。即，将汽车的速度换算成秒速或者将火箭的速度换算成时速，再进行比较。

将每秒 8 千米换算成时速的话，也就是 1 秒运行的距离为 8 千米，那么用 8 千米乘以 60 就能求出 1 分钟运行的距离，用所得结果乘以 60 分钟就能求出 1 小时运行的总距离。

所以算式为 8（千米）×60（秒）×60（分钟）=28 800（千米）。

火箭的速度是每秒 8 千米，换成时速的话是每小时 28 800 千米，因此我们可以得知火箭的速度比汽车的速度（80 千米 / 小时）更快。

  为什么 1998 年人造卫星突然消失了?

1998 年从地球发射了一颗勘察火星气候的人造卫星，在快进入火星轨道时突然消失了。事故原因是计算人员错把英制单位当作国际单位制使用，结果探射线过低，导致人造卫星运行过程中坠入火星大气层消失了。那次事故之后，科学家们明白了单位的重要性，因此在工作过程中更加注意确认单位。

公转

一个天体围绕另一个天体转动叫作公转。转动一周所用的时间叫公转周期。地球围绕太阳公转，公转周期为一年。

轨道

指行星、彗星、人造卫星等围绕其他天体旋转的曲线运行路线。黄道指地球围绕太阳公转的轨道平面。

火箭

火箭是在太空中运行，利用反作用力推进的飞行装置。既能安装弹头制成导弹，又能运载人造卫星。

万有引力

指太空间任何两个物体间相互吸引的力。由地球的吸引力而受到的力叫重力，重力是万有引力的一个分力。

速度与速率

速度表示物体运动的快慢程度，即物体在单位时间内通过的路程的多少。速度的大小叫速率，速度有大小也有方向，速率则有大小没方向。

太空

太空是所有时间空间物质的总和。它由行星、银河等已知物质及暗物质、暗能量等未知领域组成。

太空空间站

指在固定轨道上长期运行的大型空间平台，供宇航员长期居住和工作，或为人造卫星供给燃料。

离心力

离心力是一种虚拟力，是一种惯性力，它使旋转的物体远离它的旋转中心，它与向心力大小相等、方向相反。

卫星

指受到行星的引力并且围绕行星旋转的天体。月球是地球的卫星，目前太阳系有100多颗卫星。

卫星定位系统（GPS）

主要应用于汽车导航系统，通过接收人造卫星传来的信号定位使用者所在位置。

人造卫星

指环绕地球在空间轨道上运行的无人航天器。按照用途划分，可分为气象卫星、科学卫星、通信卫星、军事卫星和导航卫星等；按照运行轨道划分，可分为低轨道卫星和极地轨道卫星。

自转

指与地球相似的天体围绕自转轴自行旋转的运动。地球围绕自转轴自西向东转动，自转周期为一天。地球自转产生昼夜更替，日月星辰东升西落。

重力

物体由地球的吸引而受到的力叫重力。重力的施力物体是地心。

天体

包括恒星、行星、卫星、彗星、星团、星云等，是太空空间的物质的存在形式。

太阳系

以太阳为中心，和所有受到太阳的引力约束天体的集合体。包括地球、金星等行星，还包括无数的小行星和彗星等。

太阳能电池

是一种将光能转化为电能的装置，可以为人造卫星供电。

合金

两种或两种以上的金属元素，或以金属为基础添加其他非金属元素，通过合金化工艺而形成的、具有金属特性的金属材料叫作合金。

恒星

是像太阳一样能自己发光的星体，还被称作星星。

行星

通常指自身不发光，环绕着恒星的天体。太阳系包括八大行星：水星、金星、地球、火星、木星、土星、天王星和海王星。

图书在版编目（CIP）数据

发射吧，罐头宝贝 /（韩）池浩镇著；（韩）李沧宇绘；
刘巧妍译 . —上海：上海科学技术文献出版社，2021
（百读不厌的科学小故事）
ISBN 978-7-5439-8205-5

Ⅰ . ①发… Ⅱ . ①池… ②李… ③刘… Ⅲ . ①人造卫
星—少儿读物 Ⅳ . ① V474-49

中国版本图书馆 CIP 数据核字 (2020) 第 200085 号

选题策划：张　树
责任编辑：王　珺
封面设计：徐　利

发射吧，罐头宝贝
FASHEBA, GUANTOU BAOBEI

[韩]具本哲　主编　[韩]池浩镇　著　[韩]李沧宇　绘　刘巧妍　译
出版发行：上海科学技术文献出版社
地　　址：上海市长乐路 746 号
邮政编码：200040
经　　销：全国新华书店
印　　刷：常熟市文化印刷有限公司
开　　本：720mm×1000mm　1/16
印　　张：7.75
版　　次：2021 年 1 月第 1 版　2021 年 1 月第 1 次印刷
书　　号：ISBN 978-7-5439-8205-5
定　　价：38.00 元
http://www.sstlp.com